Inhalt

Vorwort 5
Abkürzungsverzeichnis 6

Teil 1: Die Grundsätze ordnungsgemäßer Buchführung und Bilanzierung 7

Teil 2: Die Gliederung von Jahresabschlüssen sowie Informationen zu einzelnen Bilanz- und Erfolgspositionen 11

Welche Erfordernisse sind für den Jahresabschluss notwendig? 12
Größenmerkmale für Kapitalgesellschaften 13
Anhang 14
Lagebericht 15
Bilanzgliederung 16
  Sachanlagevermögen, Pos. Nr. 110 18
  Finanzanlagevermögen, Pos. Nr. 120 22
  Vorräte, Pos. Nr. 210 23
  Forderungen und sonstiges Vermögen, Pos. Nr. 220 26
  Rechnungsabgrenzungsposten, Pos. Nr. 300, 700 28
  Eigenkapital, Pos. Nr. 400 29
  Rückstellungen, Pos. Nr. 500 31
  Verbindlichkeiten, Pos. Nr. 600 32
Gliederung der Gewinn- und Verlustrechnung (G&V) 33
  Betriebsleistung, Pos. Nr. 5 36
  Deckungsbeitrag, Pos. Nr. 7 38
  Personalaufwand, Pos. Nr. 8 39
  Abschreibungen auf Sachanlagen, Pos. Nr. 9 40
  Betriebserfolg, Pos. Nr. 11 42
  Finanzerfolg, Pos. Nr. 15 43
  EGT, Pos. Nr. 16 44
  Außerordentliches Ergebnis, Pos. Nr. 19 45
  Jahresüberschuss/Jahresfehlbetrag, Pos. Nr. 21 46

Teil 3: Internationale Rechnungslegung 47

Teil 4: Kennzahlen, Unternehmenswert und Insolvenz-Frühwarnsysteme 51

Kennzahlen 52
  Der Quicktest 52
  Weitere Kennzahlen zur Ursachenanalyse 56
  Kennzahlen zur Beurteilung der FINANZIELLEN STABILITÄT 56

— Analysebereich INVESTITION 56
— Analysebereich FINANZIERUNG 59
— Analysebereich LIQUIDITÄT... 65
Kennzahlen zur Beurteilung der ERTRAGSKRAFT 68
— Analysebereich RENTABILITÄT 68
— Analysebereich AUFWANDSTRUKTUR und ERFOLG 73
— Zwei besonders wichtige CASH-MANAGEMENT-Kennzahlen 82
Insolvenzfrüherkennung.. 83
Insolvenzfrühwarnsysteme 83
— Übersicht der bekanntesten Frühwarnsysteme für Westeuropa ... 83
— Anwendungsschema: Multiple Diskriminanzanalyse
nach der vereinfachten Methode 85
Die moderne Unternehmensbewertung 87
Anlässe für Unternehmensbewertungen 87
Ablauf eines Unternehmensverkaufes 87
Zukunftsorientierte Bewertungsmethoden 89
— Ertragswertmethode 90
— Free-Cash-Methode 92

Anhang 95

Weiterführende Literatur 96
Stichwortverzeichnis 97

Vorwort

Vorwort zur 1. Auflage

Dieses Büchlein soll dem Leser eine praktische Anleitung zum Lesen und Verstehen von Jahresabschlüssen geben.

Es wendet sich an alle, die sich mit den wesentlichen Bereichen des Rechnungswesens vertraut machen wollen. Ob Eigentümer, Gesellschafter, Aktionär, Geschäftsführer, leitender Mitarbeiter – jedem, der aus den Bilanzen Erkenntnisse ableiten und Entscheidungen treffen will bzw. muss, wird diese Schrift eine wertvolle Hilfe sein.

In verständlicher Form, mit zahlreichen Checklisten und kleinen Fallbeispielen untermauert, werden Inhalt und Aufbau des Jahresabschlusses dargestellt.

Bewertungsregeln und Steckbriefe mit interessanten Informationen für die wichtigsten Bilanzpositionen sowie Bilanz- und Kennzahlenanalyse werden ebenso behandelt wie die Entwicklungstendenzen in der internationalen Rechnungslegung. Unternehmenswerte als Kennzahl und Insolvenzfrühwarnsysteme runden das Informationsspektrum ab.

Vorwort zur 2. Auflage

Die erste Auflage war rasch vergriffen. Vor der hier vorliegenden zweiten Auflage wurde das Büchlein geringfügig überarbeitet. In manchen Kapiteln wurden Ergänzungen vorgenommen.

Peter Kralicek

Abkürzungsverzeichnis

AfA	Abschreibung	KapGes.	Kapitalgesellschaften
AG	Aktiengesellschaft	kfr.	kurzfristig
AR	Aufsichtsrat	KonTraG	Gesetz zur Kontrolle und Transparenz
ARA	Aktive Rechnungsabgrenzung	KöSt.	Körperschaftsteuer
Aufl.	Auflösung	lfr.	langfristig
AV	Anlagevermögen	LiFo	Last in – First out
BEP	Break-Even-Point	MDA	Multiple Diskriminanzanalyse
BL	Betriebsleistung		
DB	Deckungsbeitrag	MES	Materialeinsatz
DBU	Deckungsbeitragsrate	MOB	Mobilität
Dot.	Dotierung (= Neubildung)	naw.	nicht ausgabenwirksam
DSF	Diskontierungssummenfaktor	OCF	Cash-Flow aus dem operativen Bereich
EBIAT	Earnings Before Interest After Tax	POC-M	Percentage of Completion-Methode
EBIT	Earnings Before Interest And Tax (= Betriebserfolg)	PRA	Passive Rechnungsabgrenzung
EGT	Ergebnis der gewöhnlichen Geschäftstätigkeit	ROI	Return On Investment
		ROSTI	Return On Stock Investment
EK	Eigenkapital	RSt.	Rückstellungen
PCF	Free Cash-Flow	S	Substanzwert
FiFo	First in – First out	U	Unternehmenswert
FK	Fremdkapital	UEC	Union Européenne des Experts-Comptables, Economiques et Financiers
FKo	Fixkosten		
G&V	Gewinn- und Verlustrechnung	UKV	Umsatzkostenverfahren
GE	Geldeinheiten	URG	Unternehmensreorganisationsgesetz
GKV	Gesamtkostenverfahren		
GmbH	Gesellschaft mit beschränkter Haftung	US-GAAP	US Generally Accepted Accounting Principles
GWG	Geringwertige Wirtschaftsgüter	UV	Umlaufvermögen
		WACC	Weighted Average Cost of Capital
HGB	Handelsgesetzbuch		
HiFo	Highest in – First out	WC	Working-Capital
IAS	International Accounting Standards	WCR	Working-Capital Ratio
		WES	Wareneinsatz
ICF	Cash-Flow aus Investitionsaktivitäten		

Teil 1
Die Grundsätze ordnungsgemäßer Buchführung und Bilanzierung

Der Jahresabschluss ist nach Grundsätzen ordnungsgemäßer Buchführung aufzustellen. Die Grundsätze ordnungsgemäßer Buchführung sind, teilweise im Handelsgesetz (HGB) geregelt, zum Teil ungeschriebene, allgemein gültige Rechtsnormen.

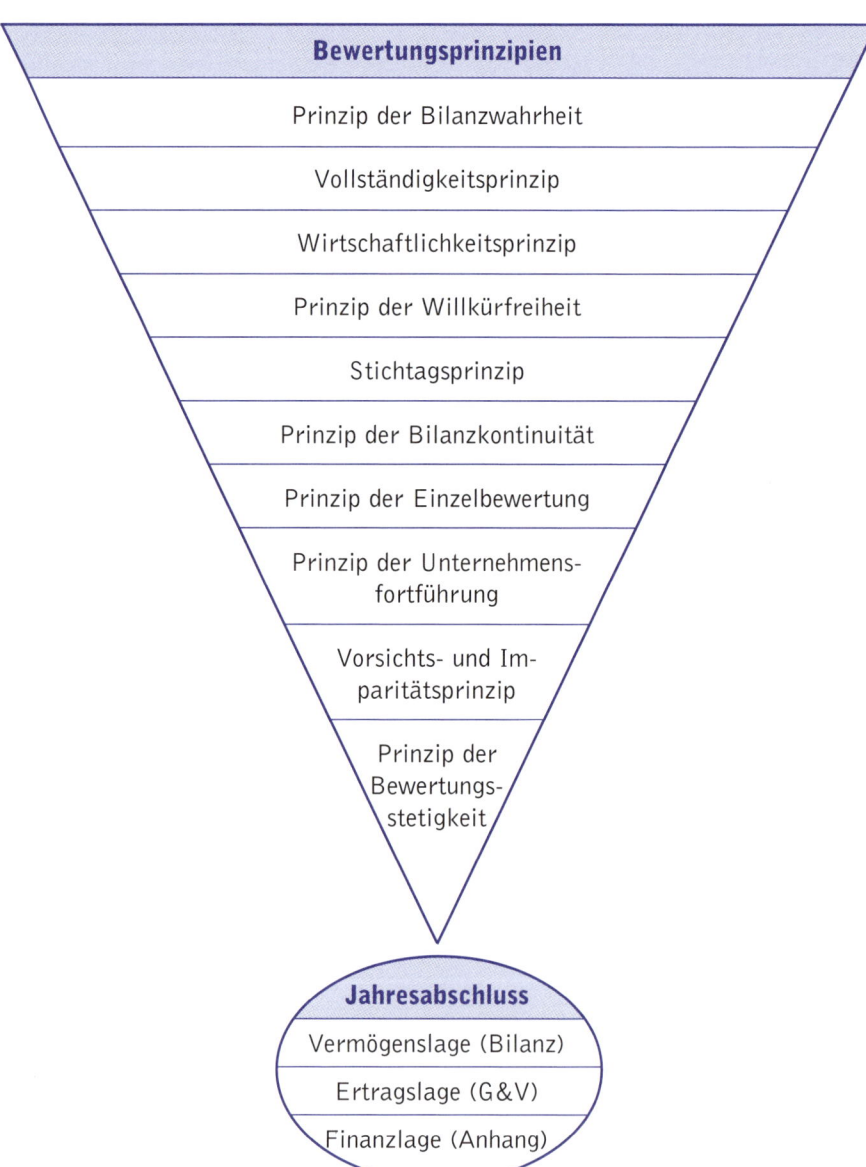

■ Bilanzwahrheit, Vollständigkeit

Die Aufzeichnungen in den Büchern und der Ausweis im Jahresabschluss dürfen keine unwahren Angaben enthalten (z. B. dürfen in der Bilanz keine Vermögensgegenstände ausgewiesen sein, die tatsächlich nicht vorhanden sind).

Neben diesem Grundsatz der Bilanzwahrheit gibt es noch einen Grundsatz der Vollständigkeit. Letzterer fordert, dass die Geschäftsvorfälle in der Buchhaltung lückenlos erfasst werden und dass im Jahresabschluss sämtliche Vermögensgegenstände, Schulden, Aufwendungen und Erträge enthalten sind.

■ Wirtschaftlichkeit

Die Anforderungen an die Buchführung müssen dem Grundsatz der Wirtschaftlichkeit entsprechen: Der Aufwand soll in einem angemessenen Verhältnis zum angestrebten Erfolg (Genauigkeit, Übersichtlichkeit usw.) stehen. So sind z. B. Vereinfachungen bei Erfassung und Bewertung von Vermögensgegenständen nicht nur möglich, sondern auch erwünscht; sie dürfen selbstverständlich keine Verzerrung der tatsächlichen Struktur zur Folge haben.

■ Willkürfreiheit, Stichtagsprinzip, Bilanzkontinuität

Der Grundsatz der Willkürfreiheit bezieht sich sowohl auf die systematische und logische Erfassung aller Geschäftsfälle als auch auf die Bewertung im Jahresabschluss.

Zulässige Wahlrechte dürfen nicht willkürlich, sondern müssen sachlogisch ausgeübt werden. Verbunden damit ist der Grundsatz der Stetigkeit bei Veränderungen in der Systematik der Buchhaltung und der Bewertung im Jahresabschluss.

Die Aufwendungen und Erträge sind periodenrein zu erfassen (Grundsatz der Periodenabgrenzung).

Für die Bilanzierung und Bewertung der Vermögensgegenstände und Schulden sind die Verhältnisse am Abschlussstichtag maßgeblich (Stichtagsprinzip). Bessere Erkenntnisse über die Verhältnisse am Stichtag, die bis zur endgültigen Bilanzaufstellung gewonnen werden, sind zu berücksichtigen. Veränderungen, die nach dem Stichtag eingetreten sind, bleiben aber außer Ansatz.

Die Wertansätze in der Anfangsbilanz des Geschäftsjahres müssen mit jenen der Schlussbilanz des vorhergehenden Geschäftsjahres übereinstimmen (Grundsatz der Bilanzkontinuität).

■ Einzelbewertung, Unternehmensfortführung

Vermögensgegenstände und Schulden sind einzeln zu bewerten. Dabei ist von der Fortführung des Unternehmens (going concern) auszugehen.

■ Vorsichts- und Imparitätsprinzip

Alle Bewertungen (Wertansätze) sind mit größter Vorsicht durchzuführen (Prinzip der Vorsicht). Vor allem die Gläubiger des Kaufmanns sind zu schützen. Im Zweifel sind daher niedrige Werte anzusetzen. Vorhersehbare Risken und drohende Verluste sind in der Bilanz zu berücksichtigen, auch wenn sie erst nach dem Bilanzstichtag bekannt werden.

Gewinne dürfen nur dann ausgewiesen werden, wenn sie am Bilanzstichtag realisiert worden sind (Realisationsprinzip). Nicht realisierte Gewinne sind mit Unsicherheiten behaftet und dürfen daher nicht ausgewiesen (aktiviert) werden. Das Realisationsprinzip verhindert, dass nicht realisierte Gewinne versteuert und ausgeschüttet werden.

Vom Imparitätsprinzip spricht man deshalb, weil Gewinne und Verluste ungleich behandelt werden. Während nicht realisierte Gewinne nicht ausgewiesen werden dürfen, müssen drohende Verluste (z. B. aus noch nicht abgewickelten Aufträgen) aufgezeigt werden.

■ Bewertungsstetigkeit

Soweit verschiedene Bewertungsmethoden relevant sind, zwischen denen der Kaufmann wählen kann, muss (sollte) die für den vorhergehenden Jahresabschluss angewandte Methode beibehalten werden (Grundsatz der Bewertungsstetigkeit). Nur in gut begründeten Ausnahmefällen darf von dem genannten Grundsatz der Stetigkeit abgewichen werden (z. B. Eigentümerwechsel, Ergebnis einer steuerlichen Betriebsprüfung usw.).

Teil 2
Die Gliederung von Jahresabschlüssen sowie Informationen zu einzelnen Bilanz- und Erfolgspositionen

Bei Kapitalgesellschaften sieht das Handelsgesetz sowohl für die Bilanz als auch für die Gewinn- und Verlustrechnung (G&V) in etwa folgendes Mindestgliederungsschema vor:

- Bilanzgliederung (siehe Seiten 16 und 17)
- G&V-Gliederung (siehe Seite 33)

Die Gewinn- und Verlustrechnung kann grundsätzlich nach folgenden zwei Kriterien strukturiert sein:

- Gesamtkostenverfahren (siehe Seite 34)
- Umsatzkostenverfahren (siehe Seite 35)

Darüber hinaus sieht der Gesetzgeber – je nach Rechtsform und Größe (siehe Schaubild auf der nächsten Seite) des Unternehmens – eine Reihe weiterer verpflichtender Bestimmungen vor, und zwar:

- Prüfpflicht
- Publizitätspflicht
- Anhang (liegt dem Jahresabschluss bei)
- Lagebericht (liegt dem Jahresabschluss bei)

Zu den einzelnen Punkten anschließend noch einige Informationen.

Welche Erfordernisse sind für den Jahresabschluss notwendig?

Vollkaufleute (Einzelunternehmen, Personengesellschaften)	Zusatz für Kapitalgesellschaften und Kapitalgesellschaften & Co		
	kleine GmbH und kleine GmbH & Co	kleine/mittelgroße AG, mittelgroße GmbH/ GmbH & Co, kleine GmbH mit AR	große KapGes (GmbH, AG)/große KapGes & Co
■ Jahresabschluss: Bilanz G&V	■ Jahresabschluss: Bilanz G&V Anhang ■ Registerpublizität	■ Jahresabschluss: Bilanz + G&V + Anhang ■ Lagebericht ■ Pflichtprüfung ■ Registerpublizität	■ Jahresabschluss: Bilanz + G&V + Anhang ■ Lagebericht ■ Pflichtprüfung ■ Publizität

Publizitätspflichtige Unternehmen haben die Einreichung spätestens neun Monate nach dem Bilanzstichtag vorzunehmen.

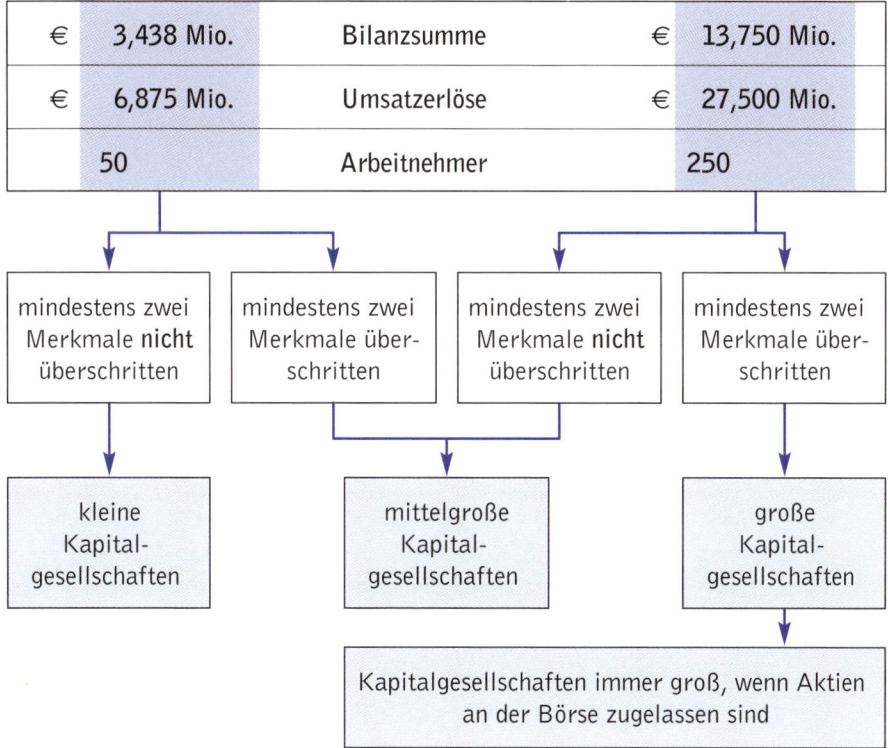

Personengesellschaften ohne natürliche Person als persönlich haftender Gesellschafter werden wie eine Kapitalgesellschaft behandelt.

Anhang

Der Anhang ist ein Teil des Jahresabschlusses. Im Anhang werden bestimmte Bilanz- und G&V-Positionen näher erläutert. Die folgende Checkliste zeigt das deutlich.

Checkliste für den Anhang

(Auszug, unvollständig) ☒

1. Forderungen mit Restlaufzeit von mehr als einem Jahr .... ☐
2. Verbindlichkeiten mit Restlaufzeit bis zu einem Jahr .... ☐
3. Verbindlichkeiten mit Restlaufzeit größer gleich fünf Jahre ...... ☐
4. Grundwert bei bebauten Grundstücken .... ☐
5. Darstellung des Anlagespiegels .... ☐
6. Abschreibungen des Geschäftsjahres .... ☐
7. Aufgliederung der Zuführung und Auflösung unversteuerter Rücklagen .... ☐
8. Materialaufwand und Personalaufwand, aufgegliedert beim Umsatzkostenverfahren .... ☐
9. Leasingverbindlichkeiten des Folgejahres und der folgenden fünf Jahre .... ☐
10. Wesentliche Verluste aus Anlagenabgang .... ☐
11. Beziehungen zu verbundenen Unternehmen .... ☐
12. Erträge und Aufwendungen aus Gewinngemeinschaften und sonstigen verbundenen Unternehmen .... ☐
13. Durchschnittliche Zahl der Arbeitnehmer, getrennt nach Arbeitern und Angestellten .... ☐
14. Aufwendungen für Abfertigungen und Pensionen, getrennt nach Vorstandsmitgliedern, leitenden Angestellten und sonstigen Arbeitnehmern .... ☐
15. Überschuldung nach Insolvenzrecht .... ☐
16. Bilanzierungs- und Bewertungsmethoden .... ☐

Der *Anhang* ist Teil des Jahresabschlusses und ist von allen Kapitalgesellschaften und Personengesellschaften ohne natürliche Person als persönlich haftende Gesellschafter zu erstellen.

Für die Anhangerstellung sind die Grundsätze ordnungsgemäßer Berichterstattung zu beachten, und zwar die Grundsätze der

- Wahrheit
- Vollständigkeit
- Übersichtlichkeit
- Verständlichkeit
- Klarheit

Lagebericht

Der Jahresabschluss mittelgroßer und großer Kapitalgesellschaften sowie der kleinen Aktiengesellschaften wird durch den so genannten Lagebericht ergänzt. Es gilt die so genannte **Generalnorm**, wonach ein möglichst **getreues Bild der Vermögens-, Finanz- und Ertragslage** zu vermitteln ist. Im Lagebericht soll auch auf besondere Vorgänge, die nach dem Schluss des Geschäftsjahres eingetreten sind, eingegangen werden. Schließlich sind die zu erwartenden Forecasts mit Angaben zu Forschung und Entwicklung (F&E) zu beschreiben. Unterhält die Gesellschaft Zweigniederlassungen, sind diese verpflichtend anzuführen.

Lagebericht			
Generalnorm			
Vorgänge von besonderer Bedeutung, die nach dem Schluss des Geschäftsjahres eingetreten sind	voraussichtliche Entwicklung des Unternehmens	Forschung und Entwicklung	Zweigniederlassungen der Gesellschaft
Befreiung für kleine GmbH			

Bilanzgliederung

Pos. Nr.	Bilanz-Positionsbezeichnung
	Aktiva
100	**Anlagevermögen**
110	Sachanlagevermögen
111	Grundstücke
112	Gebäude
113	Maschinen und maschinelle Anlagen
114	Betriebs- und Geschäftsausstattung
120	Finanzanlagevermögen
121	Beteiligungen
122	Wertpapiere des Anlagevermögens
130	geleistete Anzahlungen
200	**Umlaufvermögen**
210	Vorräte
211	Roh-, Hilfs- und Betriebsstoffe
212	unfertige Erzeugnisse
213	fertige Erzeugnisse und Waren
214	noch nicht abrechenbare Leistungen
215	geleistete Anzahlungen
220	Forderungen und sonstiges Vermögen
221	Forderungen aus Lieferungen und Leistungen
222	Forderungen gegen verbundene Unternehmen
223	sonstige Forderungen
230	Kassenbestand, Bankguthaben
300	**Rechnungsabgrenzungsposten**
	Bilanzsumme

Pos. Nr.	Bilanz-Positionsbezeichnung
	Passiva
400	**Eigenkapital**
410	Nennkapital (Grund-, Stammkapital)
420	Kapitalrücklagen
421	gebundene
422	nicht gebundene
430	Gewinnrücklagen
431	gesetzliche Rücklagen
432	freie Rücklagen
440	Bilanzgewinn
450	unversteuerte Rücklagen
500	**Rückstellungen**
510	Rückstellungen für Pensionen und Abfertigungen
520	Steuerrückstellungen
530	sonstige Rückstellungen
600	**Verbindlichkeiten**
610	Verbindlichkeiten gegenüber Banken
620	erhaltene Anzahlungen auf Bestellungen
630	Verbindlichkeiten aus Lieferungen und Leistungen
640	Wechselverbindlichkeiten
650	Verbindlichkeiten gegenüber verbundenen Unternehmen
660	sonstige Verbindlichkeiten
700	**Rechnungsabgrenzungsposten**
800	**Bilanzsumme** (Pos. Nr. 400+500+600+700) = Gesamtkapital

➔ **Bei negativem Eigenkapital (= Fehlkapital) entspricht die Summe des Fremdkapitals dem Gesamtkapital!**

| Sachanlagevermögen, Pos. Nr. 110 |

Aktiva	Passiva
– **Anlagevermögen** – Umlaufvermögen – ARA	– Eigenkapital – Rückstellungen – Verbindlichkeiten – PRA

Definition

Zum Anlagevermögen gehören jene Gegenstände, die durch Gebrauch oder wiederholte Nutzung dem Geschäftsbetrieb dauernd zur Verfügung stehen.

Untergliederung

Das Sachanlagevermögen untergliedert sich grob wie folgt:

- Grundstücke
- Gebäude
- Maschinen und maschinelle Anlagen
- Betriebs- und Geschäftsausstattung
- GWG (Geringwertige Wirtschaftsgüter)

Zur Position GWG sind noch kurze Erläuterungen notwendig.

GWG

Wirtschaftsgüter, deren Anschaffungswert im Einzelnen Euro 400 nicht übersteigt, können – unabhängig von der betriebsgewöhnlichen Nutzungsdauer – im Anschaffungsjahr voll abgeschrieben werden.

Geschäfts- bzw. Firmenwert

Beim Kauf eines Unternehmens wird in der Regel mehr bezahlt, als bilanzmäßig ausgewiesen ist. Die Differenz zwischen tatsächlich bezahltem Wert und den Buchwerten nennt man Geschäfts- bzw. Firmenwert. Weil man den Firmenwert nicht »angreifen« kann, wird er der Gruppe des »**immateriellen Anlagevermögens**« zugeordnet.

Beispiel zum Firmenwert:

Istzustand am Bewertungsstichtag
Sachanlagevermögen:
- ausgewiesener Buchwert   500 GE
- historischer Anschaffungswert 900 GE

Eigenkapital und Rücklagen: **1.000 GE**

Es wird vereinbart, dass der Käufer bei Übernahme des Betriebes einen Unternehmenswert von 2.000 GE zahlen muss.

Der bilanziell anzusetzende **Firmenwert** errechnet sich in diesem Fall wie folgt:

	entweder	oder	oder
vereinbarter (vom Käufer zu zahlender) Unternehmenswert	2.000	2.000	2.000
buchmäßiges Eigenkapital inkl. Rücklagen	− 1.000	− 1.000	− 1.000
Differenz zwischen Buchwerten und historischen Anschaffungswerten (= maximaler Aufwertungsbetrag)	− (400)	− 300	− 200
auszuweisender Firmenwert	= 600	= 700	= 800

Durch die nutzungsbedingte Abschreibung gemäß HGB gegenüber der zwingend steuerlichen Bestimmung, die eine Verteilung auf mehrere Jahre verlangt, kann es zu Abweichungen kommen.

Geleistete Anzahlungen

Werden auf bestellte Güter des Anlagevermögens Anzahlungen geleistet, dann sind diese in der Bilanzposition

Anzahlungen (Pos. Nr. 130)

auszuweisen.

Bewertungsgrundsätze

Die Bewertung des Anlagevermögens hat grundsätzlich zu

Anschaffungs- bzw. Herstellungskosten

unter der Annahme zu erfolgen, dass das Unternehmen weitergeführt und nicht liquidiert wird (going concern).

Der Höchstansatz sind die Anschaffungs- bzw. Herstellungskosten.

Die Herstellungskosten (z. B. für selbsterstellte Anlagen) werden nach folgendem Schema ermittelt:

Aufwandsart	die Aufwandsbestandteile der Herstellungskosten					
	Handelsbilanz			Steuerbilanz		
	Aktivierungspflicht	Aktivierungswahlrecht	Aktivierungsverbot	Aktivierungspflicht	Aktivierungswahlrecht	Aktivierungsverbot
Material**einzel**kosten	✗			✗		
Fertigungs**einzel**kosten	✗			✗		
Sonder**einzel**kosten der Fertigung	✗			✗		
Material**gemein**kosten		✗		✗		
Fertigungs**gemein**kosten		✗		✗		
Wertverzehr des Anlagevermögens (AfA)		✗		✗		
Kosten der allgemeinen Verwaltung		✗			✗	
Aufwand für soziale Einrichtungen		✗			✗	
Aufwand für freiwillige soziale Leistungen		✗			✗	
Aufwand für betriebliche Altersversorgung		✗			✗	
Fremdkapitalzinsen (soweit zurechenbar)		✗			✗	
Vertriebskosten			✗			✗

Die Handelsbilanz hat wegen des Gläubigerschutzes etwas strengere (vorsichtigere) Bewertungsansätze als die Steuerbilanz.

Einzelkosten können einem Auftrag direkt zugerechnet werden, Gemeinkosten werden zunächst in so genannten Kostenstellen gesammelt und anschließend in einem Prozentsatz oder nach anderen Kriterien (Verursachungsschlüssel) dem Auftrag zugerechnet. Die Zurechnung der Einzelkosten auf einen Auftrag bzw. auf ein Produkt ist immer eindeutiger als die Zurechnung »geschlüsselter« Gemeinkosten.

Anlagenspiegel

Der so genannte »Anlagenspiegel« bringt Transparenz in das Anlagevermögen. In der Praxis wird ein einheitlich geführter Anlagenspiegel entweder im Bilanzschema oder im Anhang enthalten sein.

		Wert in GE
historische Anschaffungs- bzw. Herstellungskosten		2.600
Zugänge	+	200
Abgänge	−	100
Umbuchungen	±	0
Zuschreibungen	+	0
historische Anschaffungs- bzw. Herstellungskosten zum 31. 12.	=	2.700
kumulierte Abschreibungen	−	1.100
Buchwerte 31. 12.	=	1.600
Buchwerte Vorjahr	−	1.750
Abschreibung des laufenden Jahres	=	− 150

Erläuterungen:

Zugänge sind Investitionen, bei **Abgängen** handelt es sich um Anlagenverkäufe. **Zuschreibungen** werten Abschreibungen, die in der Vergangenheit vorgenommen worden sind, wieder auf. Zuschreibungen kommen in der Praxis eher selten vor.
  Umbuchungen sind notwendig, wenn ein Anlagegut von einer Anlageposition in eine andere transferiert wird.
  Abschließend noch einige **Hinweise** zum **Berechnungsprozedere**:

Historische Anschaffungs- bzw. Herstellungskosten	2.600 + 200 − 100
Buchwerte 31.12.	2.700 − 1.100
Abschreibungen des lfd. Jahres	1.600 − 1.750

Finanzanlagevermögen, Pos. Nr. 120

Aktiva	Passiva
– **Anlagevermögen** – Umlaufvermögen – ARA	– Eigenkapital – Rückstellungen – Verbindlichkeiten – PRA

Definition

Finanzanlagen betreffen langfristige Kapitalüberlassungen an andere Unternehmen oder sonstige Dritte. Sie dienen nicht unmittelbar der betrieblichen Tätigkeit wie z. B. Sachanlagen.

Untergliederung

Das Finanzanlagevermögen untergliedert sich wie folgt:

- Beteiligungen (davon Anteile an verbundenen Unternehmen)
- Ausleihungen
- Wertpapiere des Anlagevermögens
- geleistete Anzahlungen

Beteiligung

Sind die Beteiligungen ein erheblicher Prozentsatz der Bilanzsumme, ist dem Beteiligungsvermögen größere Aufmerksamkeit zu schenken, da sich negative Erfolgsentwicklungen der Tochtergesellschaften auf den Jahresabschluss der Muttergesellschaft durchschlagen.

Unter anderem ist auch darauf zu achten, dass die Bewertung der Beteiligungen in regelmäßigen Abständen erfolgt. Die Unternehmenswerte (siehe Seite 87 bis 94) können sich nämlich im Zeitverlauf stark verändern.

| Vorräte, Pos. Nr. 210 |

Aktiva	Passiva
– Anlagevermögen – **Umlaufvermögen** – ARA	– Eigenkapital – Rückstellungen – Verbindlichkeiten – PRA

Definition Umlaufvermögen

Im Gegensatz zum Anlagevermögen sind im Umlaufvermögen jene Gegenstände auszuweisen, die nicht dauernd dem Geschäftsbetrieb dienen. Es enthält Vermögensgüter, die innerhalb einer kürzeren Zeitspanne verbraucht bzw. veräußert werden.

Untergliederung Vorräte

Die Vorräte untergliedern sich in folgende Einzelpositionen:

- Roh-, Hilfs- und Betriebsstoffe
- Unfertige Erzeugnisse
- Fertige Erzeugnisse und Waren
- Noch nicht abrechenbare Leistungen
- Geleistete Anzahlungen

Als geleistete Anzahlungen sind Beträge, die für bestellte Roh-, Hilfs- und Betriebsstoffe oder Waren geleistet wurden, auszuweisen.

Inventur
Körperliche Stichtagsinventur

Für das Vorratsvermögen ist üblicherweise eine jährliche körperliche Bestandsaufnahme (Inventur) zu erstellen.

Die Stichtagsinventur des Vorratsvermögens kann unter bestimmten organisatorischen Voraussetzungen entfallen und durch eine so genannte »**permanente Inventur**« ersetzt werden. Dieses, durch das HGB gesetzlich gedeckte, Verfahren unterscheidet sich von der körperlichen Stichtagsinventur dadurch, dass die körperliche Aufnahme der einzelnen Lagerpositionen auf das ganze Jahr verteilt erfolgt. Die permanente Inventur ist in der Praxis stark verbreitet, weil sie gegenüber der körperlichen Stichtagsinventur sehr oft wirtschaftlicher ist (geringerer Personalaufwand, keine Betriebsunterbrechung, effizientere Kontrollmöglichkeiten).

Geschichtete Stichprobeninventur

Die geschichtete Stichprobeninventur ist ein mathematisch-statistisches Verfahren zur Vereinfachung der körperlichen Bestandsaufnahme. Es ist in Deutschland ab 1977 im HGB als Inventurverfahren aufgenommen worden und damit gesetzlich anerkannt.

Die laufend zunehmenden Personal- und Sachkosten erfordern bei der lohnintensiven Inventarisierung und Bewertung eine Rationalisierung.

Permanente Inventur und Verlegung des Inventurstichtages führen zu Erleichterungen, nicht aber zu einer Rationalisierung.

Beim so genannten Stichprobenverfahren kann vorgegeben werden, welcher Genauigkeitsgrad erzielt werden muss. Daraus bestimmt sich der Umfang der Stichprobe, die nach mathematisch-statistischen Grundsätzen anzulegen ist.

Bei Vorgabe eines maximalen Abweichungsfehlers von 1 Prozent und der Forderung nach 95-prozentiger Aussagesicherheit lässt sich die körperliche Bestandsaufnahme auf 10 bis 20 Prozent reduzieren. Der entstehende Rationalisierungseffekt ist beachtlich.

Bewertungsmethoden für Vorräte

Grundsätzlich gilt das Prinzip der **Einzelbewertung**. Der Gesetzgeber gestattet aber auch vereinfachende Bewertungsverfahren.

Die Durchschnittspreismethode

Bei dieser Methode wird ein Durchschnittspreis (= durchschnittliche Anschaffungs- bzw. Herstellungskosten) als gewogenes arithmetisches Mittel aus allen Einkäufen einer Waren- oder Rohstoffart, deren Einheiten im Wesentlichen gleichartig sind und ungefähr die gleiche Preislage haben, ermittelt.

Neben dem Durchschnittspreisverfahren sind noch andere Bewertungsverfahren anzutreffen, und zwar:

FiFo (= First in – First out)

Bei diesem Verfahren wird angenommen, dass die zuerst angeschafften oder hergestellten Gegenstände zuerst verbraucht oder veräußert werden. Steigen die Preise, erhöht sich bei diesem Verfahren auch der Lagerbestand.

LiFo (= Last in – First out)

Es wird unterstellt, dass die zuletzt angeschafften oder hergestellten Gegenstände zuerst verbraucht werden. Bei steigenden Preisen bleibt bei diesem Verfahren der Lagerbestand relativ niedrig.

HiFo (= Highest in – First out)

Dabei wird unterstellt, dass die teuersten Gegenstände als erstes verbraucht werden. **Dieses Verfahren wird steuerlich nicht anerkannt**, weil der Fiskus eine willkürliche Gewinnverkürzung fürchtet.

Wertberichtigung zum Umlaufvermögen

Für die Bewertung ist das **strenge Niederstwertprinzip** anzuwenden. Liegt der Wert zum Bilanzstichtag unter den Anschaffungs- bzw. Herstellungskosten, muss entsprechend abgewertet (= Gläubigerschutz) werden, auch wenn die Wertsenkung nur temporär begrenzt anfallen sollte.

> Forderungen und sonstiges Vermögen,
> Pos. Nr. 220

Aktiva	Passiva
– Anlagevermögen – **Umlaufvermögen** – ARA	– Eigenkapital – Rückstellungen – Verbindlichkeiten – PRA

Untergliederung

- Forderungen aus Lieferungen und Leistungen
- Forderungen gegenüber verbundenen Unternehmen
- Sonstige Forderungen

Bewertungsgrundsätze für das Umlaufvermögen

Die Positionen des Umlaufvermögens werden – wie jene des Anlagevermögens – auf Basis von Anschaffungs- oder Herstellungskosten bewertet. Hier gilt jedoch das so genannte **strenge Niederstwertprinzip**. Das bedeutet praktisch, dass sie zwingend auf den niedrigeren Stichtagswert abgeschrieben werden müssen, auch wenn es sich nur um eine vorübergehende Wertminderung handeln sollte.

Konkrete Bewertungshinweise für einige Forderungspositionen:

- **Forderungen** sind auf den Bilanzstichtag (Barwert) **abzuzinsen.**
- **Zweifelhafte (dubiose) Forderungen** sind mit ihrem **wahrscheinlichen Wert** zu bilanzieren.
- **Uneinbringliche Forderungen** sind **abzuschreiben** (auszubuchen).
- **Auslandsforderungen in Fremdwährung** sind mit dem **Umrechnungskurs zum Zeitpunkt ihrer Entstehung** oder mit dem **niedrigeren Kurs zum Bilanzstichtag** umzurechnen.
- **Wechsel und Schecks** werden **wie Forderungen** bewertet.

- **Fremdwährungsbestände** sind mit dem **Stichtagskurs** in Euro umzurechnen.
- **Wertpapiere des Umlaufvermögens** dürfen höchstens zu den Anschaffungskosten angesetzt werden. Bei gleichen Wertpapieren kann das LiFo-Verfahren (siehe Seite 25, Vorräte, Pos. Nr. 210) angewendet werden. Sinkt der Börsenkurs, muss eine entsprechende Abwertung (Niederstwertprinzip) vorgenommen werden.
- **Flüssige Mittel** (Kassenbestand und Bankguthaben) sind mit dem **Nominalwert** anzusetzen.

> Rechnungsabgrenzungsposten,
> Pos. Nr. 300, 700

Aktiva	Passiva
– Anlagevermögen – Umlaufvermögen – **ARA**	– Eigenkapital – Rückstellungen – Verbindlichkeiten – **PRA**

Definition

Rechnungsabgrenzungsposten dienen der periodengerechten Gewinnermittlung. Die auszuweisenden Rechnungsabgrenzungsposten beschränken sich auf die so genannten transitorischen Posten,

- auf der **Aktivseite** (Aktive Rechnungsabgrenzung, ARA): Ausgaben vor dem Abschlusstag, soweit sie Aufwand für eine Zeit danach sind (z. B. vorausbezahlte Miete oder Versicherung aber auch Disagio),

- auf der **Passivseite** (Passive Rechnungsabgrenzung, PRA): Einnahmen vor dem Abschlusstag, soweit sie Ertrag für eine bestimmte Zeit nach diesem Tag sind (z. B. im Voraus erhaltene Miete).

Disagio

Disagio nennt man den Unterschiedsbetrag zwischen Ausgabe- und Rückzahlungsbetrag eines Krediles. Laut HGB besteht für das Agio ein Aktivierungswahlrecht. Der Ausweis ist unter den aktiven Rechnungsabgrenzungsposten vorzunehmen.

Beispiel für Disagio:

Ein mit GE 1.000 gewährter Kredit wird zu 94% ausgezahlt (Disagio=6%). Der Kredit ist mit GE 1.000 zu passivieren und das Disagio von GE 60 als Rechnungsabgrenzungsposten zu aktivieren und jährlich abzuzinsen. Die planmäßige Abschreibung kann gleich lang oder auch kürzer als die Kapitaltilgung sein.

| Eigenkapital, Pos. Nr. 400 |

Aktiva	Passiva
– Anlagevermögen – Umlaufvermögen – ARA	– **Eigenkapital** – Rückstellungen – Verbindlichkeiten – PRA

Definition

Als Eigenkapital bezeichnet man die von den Eigentümern zur Verfügung gestellte Kapitaleinlage, aber auch die vom Unternehmen erwirtschafteten, aber nicht ausgeschütteten bzw. entnommenen Gewinne. Verluste kürzen das Eigenkapital.

Eigenkapital bei Kapitalgesellschaften (ohne Genossenschaften)

    Grundkapital (AG), Stammkapital (GmbH)
− davon nicht eingefordert (nur bei GmbH möglich)
= **Nennkapital**
+ Kapitalrücklagen (werden durch Mittelzufuhr von außen gebildet)
    ▪ gebundene (Agio)
    ▪ nicht gebundene (freie Einzahlungen von Gesellschaftern)
+ Gewinnrücklagen (werden durch die Einbehaltung von Gewinnen gebildet)
    ▪ gesetzliche (ein gewisser Prozentsatz des Reingewinnes)
    ▪ freie (alle übrigen, aufgrund eines Gesellschafterbeschlusses durchgeführten Gewinneinbehaltungen, sofern sie nachhaltig gebildet werden)
± Bilanzgewinn (+)/Bilanzverlust (−)
    davon Gewinn-/Verlustvortrag
= **Summe Eigenkapital I**
+ unversteuerte Rücklagen (Investitionsbegünstigungen, Bewertungsreserve aufgrund von Sonderabschreibungen)
+ eventuelle Auflösungen stiller Reserven im Anlage- und Umlaufvermögen sowie bei Verbindlichkeiten
− latente Ertragsteuern, wenn stille Reserven aufgelöst wurden
= **Summe Eigenkapital II**

    ➜ **Das Grund- bzw. Stammkapital stellt das zur Verfügung stehende Haftkapital (= gezeichnetes Kapital) dar.**

Eigenkapital bei Einzelunternehmungen

Es zeigt den Betrag, den der Eigentümer seiner Unternehmung zur Verfügung stellt.

    Anfangsbestand
± Gewinn/Verlust
± Einlage/Entnahme
= **Eigenkapital I**
+ unversteuerte Rücklagen
+ eventuelle Auflösungen stiller Reserven im Anlage- und Umlaufvermögen sowie bei Verbindlichkeiten
− latente Ertragsteuern, wenn stille Reserven aufgelöst wurden
= **Summe Eigenkapital II**

Eigenkapital bei Personengesellschaften

Die Darstellung des Eigenkapitals bei der Personengesellschaft soll zeigen, welche Gesellschafter voll und welche beschränkt haften, mit welchen Beträgen sie haften, und weiters, welche Entnahmen getätigt werden können.

    Komplementärkapital
+ Kommanditkapital
− nicht durch bedungene Einlagen gedeckte Verlustanteile
+ Kapitalrücklagen
+ Gewinnrücklagen
= **Summe Eigenkapital I**
+ unversteuerte Rücklagen
+ eventuelle Auflösung stiller Reserven im Anlage- und Umlaufvermögen sowie bei Verbindlichkeiten
− latente Ertragsteuern, wenn stille Reserven aufgelöst wurden
= **Summe Eigenkapital II**

Rücklagen

Rücklagen stellen Eigenkapital dar; sie entstehen durch Nichtausschüttung von Gewinnen bzw. Kapitalzufuhr von außen.
    Man untergliedert in
- Kapitalrücklagen (entstehen durch Kapitaleinzahlungen),
- Gewinnrücklagen (unter dieser Position dürfen nur Beträge ausgewiesen werden, die aus dem Jahresüberschuss gebildet werden) und
- unversteuerte Rücklagen (Art und Höhe ist gesetzlich geregelt).

Rückstellungen, Pos. Nr. 500

Aktiva	Passiva
– Anlagevermögen – Umlaufvermögen – ARA	– Eigenkapital – **Rückstellungen** – Verbindlichkeiten – PRA

Definition

Rückstellungen haben im Gegensatz zu Rücklagen Schuldencharakter (= Fremdkapital). Es besteht die Verpflichtung zur Bildung von Rückstellungen für ungewisse Verbindlichkeiten und drohende Verluste aus schwebenden Geschäften.

Untergliederung

Rückstellungen können für folgende ungewisse Verbindlichkeiten gebildet werden:

- Steuerrückstellungen
- Prozesskosten
- Zeitguthaben für Mitarbeiter
- Urlaubsansprüche von Mitarbeitern
- Provisionen (Mitarbeiter – selbständige Handelsvertreter)
- Prämien für Mitarbeiter
- Abfertigungen (nur in Österreich)
- Pensionszusagen
- Rechts- und Beratungskosten
- Verluste aus schwebenden Geschäften
- Garantieleistungen (Unterlagen für die Garantiefälle müssen vorliegen)

Der Rückstellungsgrund ist zu dokumentieren.

Verbindlichkeiten, Pos. Nr. 600

Aktiva	Passiva
– Anlagevermögen – Umlaufvermögen – ARA	– Eigenkapital – Rückstellungen – **Verbindlichkeiten** – PRA

Definition

Verbindlichkeiten sind Schulden, die das Unternehmen zum Bilanzstichtag ausweist. Gegenüber den Rückstellungen ist die Schuldenshöhe bei den Verbindlichkeiten genau bekannt.

Fristigkeit bei Verbindlichkeiten

Für alle Verbindlichkeiten sind in der Bilanz oder im Anhang Ergänzungen bezüglich der Fristigkeit (kleiner als ein Jahr, größer als fünf Jahre) vorzunehmen. Dieser Ausweis ist zur Beurteilung der Liquidität notwendig.

Untergliederung

Die Verbindlichkeiten untergliedern sich mindestens wie folgt:

- Verbindlichkeiten gegenüber Kreditinstituten
- Erhaltene Anzahlungen auf Bestellungen
- Verbindlichkeiten aufgrund von Warenlieferungen und Leistungen
- Wechselverbindlichkeiten
- Verbindlichkeiten gegenüber verbundenen Unternehmen
- Rentenverbindlichkeiten
- sonstige Verbindlichkeiten
  - gegenüber Finanzamt
  - gegenüber Sozial- und Pensionsversicherung
  - gegenüber eigenen Mitarbeitern (z. B. Gehaltskonten)
  - gegenüber Gesellschaftern einer GmbH

In der betrieblichen Praxis ist die Ausprägung der Verbindlichkeiten oft noch viel größer als hier dargestellt.

Gliederung der Gewinn- und Verlustrechnung (G&V)

Pos. Nr.		Erfolgs-Positionsbezeichnung
+	1	Umsatzerlöse
±	2	Bestandsveränderung
+	3	aktivierte Eigenleistungen
+	4	sonstige betriebliche Erträge
=	5	**Betriebsleistung**
−	6	Materialaufwand und Aufwendungen für bezogene Leistungen
=	7	**Deckungsbeitrag**
−	8	Personalaufwand
−	9	Abschreibungen auf Sachanlagen
−	10	sonstige betriebliche Aufwendungen
=	11	**Betriebserfolg – Earnings before Interest and Tax (EBIT)**
+	12	Erträge aus Beteiligungen, Zinserträge, Wertpapiererträge und ähnliche Erträge
±	13	Erträge bzw. Aufwendungen aus Finanzanlagen und aus Wertpapieren des Umlaufvermögens
−	14	Zinsen und ähnliche Aufwendungen
=	15	**Finanzerfolg**
=	16	**Ergebnis der gewöhnlichen Geschäftstätigkeit (= EGT)**
+	17	außerordentliche Erträge
−	18	außerordentliche Aufwendungen
=	19	**außerordentliches Ergebnis**
−	20	Steuern vom Einkommen und vom Ertrag
=	21	Jahresüberschuss/Jahresfehlbetrag
+	22	Auflösung von Rücklagen
−	23	Zuweisung von Rücklagen
±	24	Gewinnvortrag/Verlustvortrag aus dem Vorjahr
=	25	**Bilanzgewinn/Bilanzverlust**

Obige Gliederung entspricht dem so genannten Gesamtkostenverfahren, das auf der nächsten Seite nochmals in verdichteter Form dargestellt wird.

Verdichtet stellt sich das Gesamtkostenverfahren wie folgt dar:

Wert	Position
+	Umsatzerlöse
±	Bestandsveränderung
+	aktivierte Eigenleistungen
=	**Gesamtleistung (Betriebsleistung)**
−	Transportaufwendungen
−	Materialaufwand
=	**Deckungsbeitrag GKV**
−	Personalaufwand
−	sonstige betriebliche Aufwendungen
+	sonstige betriebliche Erträge
=	**Betriebserfolg (EBIT)**
±	Finanzergebnis
=	**Ergebnis der gewöhnlichen Geschäftstätigkeit (EGT)**
−	Steuern
=	**Jahresergebnis (+ Überschuss, − Fehlbetrag)**

Beim Gesamtkostenverfahren wird die gesamte Betriebsleistung (= Fakturenerlöse ± Bestandsveränderungen + aktivierte Eigenleistungen) den Gesamtkosten gegenübergestellt.

Beim Umsatzkostenverfahren, das umseitig vorgestellt ist, wird nur der Fakturenerlös den anteiligen Herstellungskosten gegenübergestellt.

Anschließend noch die verdichtete Strukturierung nach dem Umsatzkostenverfahren:

Wert	Position
+	Umsatzerlöse
−	Herstellungskosten zur Erzielung des Umsatzes
=	**Bruttoergebnis (Deckungsbeitrag UKV)**
−	Vertriebskosten
−	allgemeine Verwaltungskosten
+	sonstige betriebliche Erträge
−	sonstige betriebliche Aufwendungen
=	**Betriebserfolg (EBIT)**
±	Finanzergebnis
=	**Ergebnis der gewöhnlichen Geschäftstätigkeit (EGT)**
−	Steuern
=	**Jahresergebnis (+ Überschuss, − Fehlbetrag)**

Betriebsleistung, Pos. Nr. 5

	1	Umsatzerlöse
±	2	Bestandsveränderung
+	3	aktivierte Eigenleistungen
=	5	**Betriebsleistung**
−	6	Materialaufwand und Aufwendungen für bezogene Leistungen
=	7	Deckungsbeitrag

Die Betriebsleistung ist jene Größe, an der viele G&V-Positionen aber auch manche Bilanzpositionen gemessen werden. Sie ist eine wichtige Bezugsgröße und wird für Prozentvergleiche immer mit 100 Prozent angesetzt.

Umsatzerlöse

Unter dieser Hauptposition wird die eigentliche betriebliche Leistung ausgewiesen. Nur von großen Kapitalgesellschaften hat eine Aufgliederung nach regionalen Gesichtspunkten (Inland, Ausland) und nach Tätigkeitsbereichen (Sparten) zwingend zu erfolgen. Die Umsatzerlöse werden abzüglich den Erlösschmälerungen ausgewiesen. Erlösschmälerungen sind vor allem gewährte Rabatte, aber auch Kundenskonto.

Bestandsveränderung

Erhöht sich der Lagerbestand an Halb- und Fertigerzeugnissen (Lageraufbau) sowie noch nicht verkauften sonstigen Leistungen am Bilanzstichtag, dann ist eine Bestandserhöhung eingetreten. Wurde mehr verkauft als hergestellt, dann hat das eine Bestandsminderung zur Folge, die den Umsatzerlös vermindert.

Neben der Änderung der Menge gibt es aber auch Wertänderungen, die auf Abschreibungen auf den niedrigeren Stichtagswert der Bestände beruhen. Die Bewertung der Halb- und Fertigerzeugnisse sowie der noch nicht verkauften sonstigen Leistungen am Bilanzstichtag hat zu Herstellungskosten (siehe Abschnitt »Sachanlagevermögen«, Seite 18, und Abschnitt »Umlaufvermögen«, Seite 23) zu erfolgen.

Aktivierte Eigenleistungen

Bei den aktivierten Eigenleistungen (Personal- u. Sachaufwendungen) handelt es sich um selbsterstellte Anlagen, die für das eigene Unternehmen angefertigt worden sind. Die Bewertung hat zu Herstellungskosten (siehe Abschnitt »Sachanlagevermögen«, Seite 18, und Abschnitt »Umlaufvermögen«, Seite 23) zu erfolgen.

Sonstige betriebliche Erträge

Unter diese Position fallen jene Erträge, die nicht direkt mit der betrieblichen Leistungserstellung zusammenhängen. Die sonstigen betrieblichen Erträge gliedern sich wie folgt:

- Erträge aus dem Abgang von und der Zuschreibung zum Sachanlagevermögen
- Erträge aus Auflösung von Rückstellungen
- Übrige Erträge

Die Position »Sonstige betriebliche Erträge« sollte bezüglich außerordentlicher Erträge (z. B. Vergütung Schadensfälle, einmalige Erträge) gecheckt werden. Starke Schwankungen können darauf hinweisen, dass so genannte »außergewöhnliche Erträge« (z. B. extrem hohe Versicherungsvergütungen oder extreme Gewinne aus Anlageverkäufen) enthalten sind. Solche »Extremposten« gehören zur Position »a.o. Erträge«.

Das Wissen um die außerordentlichen Erträge ist zur Beurteilung des ordentlichen Periodenerfolges von Bedeutung.

		Deckungsbeitrag, Pos. Nr. 7
	1	Umsatzerlöse
±	2	Bestandsveränderung
+	3	aktivierte Eigenleistungen
=	5	Betriebsleistung
−	6	Materialaufwand und Aufwendungen für bezogene Leistungen
=	7	**Deckungsbeitrag**

Materialaufwand, Wareneinsatz und Aufwand für bezogene Leistungen

Eine Trennung des Materialaufwandes bei Produktions- und Handwerksbetrieben erfolgt nach Roh-, Hilfs- und Betriebsstoffen. Bei Handelsbetrieben wird der Warenaufwand (Wareneinsatz = verkaufte Ware, bewertet zum Einstandspreis) erhoben.

Der Materialaufwand, Wareneinsatz und der Aufwand für fremdbezogene Teile wird um die Skontoerträge reduziert.

Deckungsbeitrag

Von der Zwischensumme »Betriebsleistung« werden die betrieblichen Aufwendungen für Material und Fremdbezug von Leistungen in Abzug gebracht, um den Deckungsbeitrag zu erhalten. Obwohl dieser Deckungsbeitrag sehr grob ist (vereinfachend wird auf die Berücksichtigung der variablen Gemeinkosten verzichtet), ist er sehr aussagefähig, nämlich:

- im **Zeitvergleich**, wenn man den Deckungsbeitrag der Betriebsleistung gegenüberstellt, also die **Deckungsbeitragsrate (DBU)** beobachtet,

- für **approximative Break-Even-Berechnungen**, die für eine erste Analyse immer ausreichend und sehr aufschlussreich sind.

| **Personalaufwand, Pos. Nr. 8** |

=	7	Deckungsbeitrag
−	8	**Personalaufwand**
−	9	Abschreibungen auf Sachanlagen
−	10	sonstige betriebliche Aufwendungen
=	11	Betriebserfolg (EBIT)
+	12	Erträge aus Beteiligungen, Zinserträge, Wertpapiererträge …
±	13	Erträge bzw. Aufwendungen aus Finanzanlagen und aus …
−	14	Zinsen und ähnliche Aufwendungen
=	15	Finanzerfolg
=	16	Ergebnis der gewöhnlichen Geschäftstätigkeit (= EGT)

Das HGB sieht eine Trennung des Personalaufwandes wie folgt vor:

a) Löhne
b) Gehälter
c) Aufwendungen und Rückstellungsbildung für Abfertigungen (nur in Österreich)
d) Aufwendungen für Altersversorgung
e) Aufwendungen für gesetzlich vorgeschriebene Sozialabgaben sowie vom Entgelt abhängige Abgaben und Pflichtbeiträge
f) Sonstige Sozialaufwendungen

In den Löhnen und Gehältern werden die Bruttobezüge einschließlich Aufwandsentschädigungen erfasst. Vorstands- bzw. Geschäftsführerbezüge finden sich in der Position »Gehälter«.

In den Aufwendungen für Abfertigungen und Pensionen werden sowohl Zahlungen als auch Zuführungen zum Sozialkapital erfasst. Durch Vergleich mehrerer Jahre ist zu prüfen, ob im Geschäftsjahr außerordentlich hohe Zahlungen enthalten sind, was bei der Ergebnisinterpretation von Interesse sein kann.

Bei der Position e) handelt es sich um den gesetzlich vorgeschriebenen Arbeitgeberanteil sowie die lohn- und gehaltsabhängigen Abgaben.

→ **Wenn die Rechtsform eine Einzelfirma oder Personengesellschaft ist, darf auf den kalkulatorischen Unternehmerlohn nicht vergessen werden. Der Gewinnausweis wäre bei diesen zwei Rechtsformen zu hoch, würde man auf den kalkulatorischen Unternehmerlohn vergessen.**

Achtung bei Bilanzen in Österreich: Die Dotierung zur Abfertigungsrückstellung verkürzt den Gewinn. Es handelt sich um eine so genannte Kann-Bestimmung, die nicht unbedingt durchgeführt werden muss. Wird sie nicht durchgeführt, ist das meist ein erstes Zeichen für Ertrags- und/oder Finanzschwäche.

> Abschreibungen auf Sachanlagen,
> Pos. Nr. 9

```
=   7    Deckungsbeitrag
−   8    Personalaufwand
−   9    Abschreibungen auf Sachanlagen
−  10    sonstige betriebliche Aufwendungen
=  11    Betriebserfolg (EBIT)
+  12    Erträge aus Beteiligungen, Zinserträge, Wertpapiererträge ...
±  13    Erträge bzw. Aufwendungen aus Finanzanlagen und aus ...
−  14    Zinsen und ähnliche Aufwendungen
=  15    Finanzerfolg
=  16    Ergebnis der gewöhnlichen Geschäftstätigkeit (= EGT)
```

Diese Position enthält alle für das laufende Geschäftsjahr vorgenommenen Abschreibungen einschließlich geringwertiger Wirtschaftsgüter.

Das in der Bilanz zu Anschaffungs- oder Herstellungskosten ausgewiesene Anlagevermögen darf nicht zur Gänze im Jahr der Anschaffung oder Herstellung gewinnmindernd geltend gemacht werden, sondern wird auf den Zeitraum der voraussichtlichen Nutzung verteilt (= planmäßige Abschreibung).

Berechnung der planmäßigen Jahresabschreibung:

$$\frac{\text{Anschaffungs- oder Herstellungskosten}}{\text{betriebsgewöhnliche Nutzungsdauer in Jahren}}$$

Als Abschreibungsmethoden werden in der Praxis häufig folgende Verfahren angewendet.

Abschreibungsart	Erläuterungen
− linear	− Abschreibungen mit jährlich gleichbleibenden Beträgen
− degressiv	− Abschreibungen mit jährlich fallenden Beträgen
− Kombination aus degessiv und linear	− degessive Abschreibung mit späterem Übergang zur linearen Abschreibung

Beispiel

	linear	**degressiv**	**kombiniert**
Anschaffungskosten	100 − 10	100 − 30	100 − 30
Ende des 1. Jahres	90 − 10	70 − 21	70 − 21
Ende des 2. Jahres	80 − 10	49 − 15	49 − 10
Ende des 3. Jahres	70	34	39

In Österreich anerkennt der Fiskus nur die lineare Abschreibung, in Deutschland bei beweglichen Wirtschaftsgütern des Anlagevermögens auch die degressive. Allerdings darf der Abschreibungssatz nicht größer 30% und nicht mehr als das Dreifache des linearen Abschreibungssatzes betragen.

Nutzungsdauer

Die Finanzverwaltung hat AfA-Tabellen veröffentlicht, die – getrennt nach Branchen und Anlagegütern – Empfehlungen für die Nutzungsdauer geben. Diese Empfehlungen werden in der Praxis fast ausnahmslos verwendet.

Betriebserfolg, Pos. Nr. 11

=	7	Deckungsbeitrag
−	8	Personalaufwand
−	9	Abschreibungen auf Sachanlagen
−	10	sonstige betriebliche Aufwendungen
=	11	**Betriebserfolg (EBIT)**
+	12	Erträge aus Beteiligungen, Zinserträge, Wertpapiererträge …
±	13	Erträge bzw. Aufwendungen aus Finanzanlagen und aus …
−	14	Zinsen und ähnliche Aufwendungen
=	15	Finanzerfolg
=	16	Ergebnis der gewöhnlichen Geschäftstätigkeit (= EGT)

Die Zwischensumme »Betriebserfolg« zeigt den Erfolg bzw. das Ergebnis der betrieblichen Tätigkeit des Geschäftsjahres vor dem Finanzergebnis und den Steuern. Deshalb wird der Betriebserfolg auch EBIT (Earnings Before Interest and Tax) genannt.

Der Betriebserfolg ist ein »ordentliches« Ergebnis, weil etwaige, den wirtschaftlichen Ertrag störende »außerordentliche« Aufwendungen und Erträge in einem eigenen Check eliminiert worden sind.

| Finanzerfolg, Pos. Nr. 15 |

```
=   7    Deckungsbeitrag
−   8    Personalaufwand
−   9    Abschreibungen auf Sachanlagen
−  10    sonstige betriebliche Aufwendungen
=  11    Betriebserfolg (EBIT)
+  12    Erträge aus Beteiligungen, Zinserträge, Wertpapiererträge ...
±  13    Erträge bzw. Aufwendungen aus Finanzanlagen und aus ...
−  14    Zinsen und ähnliche Aufwendungen
=  15    Finanzerfolg
=  16    Ergebnis der gewöhnlichen Geschäftstätigkeit (= EGT)
```

Die Aufwendungen und Erträge aus Finanz- und Geldanlagen sowie aus Krediten und anderen Finanzschulden werden im Finanzerfolg ausgewiesen und im Anhang näher erläutert.

- Die **Erträge aus Beteiligungen** betreffen die Anteile an verbundenen Unternehmen und Beteiligungen.

- Die **Zinserträge** betreffen die Finanzerträge aus dem Umlaufvermögen (z. B. Zinsen aus Bankguthaben). Als zinsähnliche Erträge gelten z. B. Kreditprovisionen.

- **Zinsaufwendungen** sind z. B. Zinsen für Bankkredite oder Darlehen. Zinsähnliche Aufwendungen sind z. B. Bereitstellungsgebühren, Kreditprovisionen sowie das Disagio (siehe auch Abschnitt »Rechnungsabgrenzungsposten«, Seite 28).

Die Gliederung von Jahresabschlüssen sowie Informationen ...

	EGT, Pos. Nr. 16

```
=    7    Deckungsbeitrag
−    8    Personalaufwand
−    9    Abschreibungen auf Sachanlagen
−   10    sonstige betriebliche Aufwendungen
=   11    Betriebserfolg (EBIT)
+   12    Erträge aus Beteiligungen, Zinserträge, Wertpapiererträge ...
±   13    Erträge bzw. Aufwendungen aus Finanzanlagen und aus ...
−   14    Zinsen und ähnliche Aufwendungen
=   15    Finanzerfolg
=   16    Ergebnis der gewöhnlichen Geschäftstätigkeit (= EGT)
```

Ergebnis der gewöhnlichen Geschäftstätigkeit

Das EGT ist eine Zwischensumme aller vorhergehenden Ertrags- und Aufwandspositionen bzw. das Ergebnis aus Betriebserfolg und Finanzerfolg.

Das EGT, bereinigt um periodenfremde, einmalige Erträge, ist ein wichtiges Zwischenergebnis, das in der Kennzahlenanalyse die Ertragskraft des Unternehmens repräsentiert.

Weitere Informationen, die eine tiefere Analyse des EGT ermöglichen, befinden sich im so genannten »Anhang« (siehe auch Seite 14).

> Außerordentliches Ergebnis,
> Pos. Nr. 19

```
= 16    Ergebnis der gewöhnlichen Geschäftstätigkeit (= EGT)
+ 17    außerordentliche Erträge
− 18    außerordentliche Aufwendungen
= 19    außerordentliches Ergebnis
− 20    Steuern vom Einkommen und vom Ertrag
= 21    Jahresüberschuss/Jahresfehlbetrag
+ 22    Auflösung von Rücklagen
− 23    Zuweisung von Rücklagen
± 24    Gewinnvortrag/Verlustvortrag
= 25    Bilanzgewinn/Bilanzverlust
```

Als außerordentliche Erträge und Aufwendungen sind Posten auszuweisen, die außerhalb der gewöhnlichen Geschäftstätigkeit anfallen.

Das können z. B. extrem hohe Versicherungsvergütungen, Forderungsverzicht aus Gründen der Sanierung oder hohe Gewinne bzw. Verluste aus Anlagenverkäufen sein.

Im so genannten »Anhang« werden die wesentlichen Posten des außerordentlichen Ergebnisses erläutert.

> **Jahresüberschuss/Jahresfehlbetrag,
> Pos. Nr. 21**

```
= 16    Ergebnis der gewöhnlichen Geschäftstätigkeit (= EGT)
+ 17    außerordentliche Erträge
− 18    außerordentliche Aufwendungen
= 19    außerordentliches Ergebnis
− 20    Steuern vom Einkommen und vom Ertrag
= 21    Jahresüberschuss/Jahresfehlbetrag
+ 22    Auflösung von Rücklagen
− 23    Zuweisung von Rücklagen
± 24    Gewinnvortrag/Verlustvortrag
= 25    Bilanzgewinn/Bilanzverlust
```

Die Gewinn- und Verlustrechnung weist insgesamt vier Ergebnisse aus, und zwar

- Betriebserfolg (EBIT)
- EGT (= Ergebnis der gewöhnlichen Geschäftstätigkeit)
- Jahresüberschuss/Jahresfehlbetrag
- Bilanzgewinn/Bilanzverlust

Über den Betriebserfolg und das EGT wurde bereits berichtet.

Der **Jahresüberschuss (Jahresfehlbetrag)** ergibt sich vor der Dotierung bzw. Auflösung von Rücklagen aller Art; er bezeichnet den Gewinn oder Verlust des Geschäftsjahres nach Steuern vom Einkommen und vom Ertrag.

Nach dem Jahresüberschuss/Jahresfehlbetrag findet sich die Weiterrechnung auf den **Bilanzgewinn (Bilanzverlust)** durch Bildung bzw. Auflösung von Rücklagen (siehe Abschnitt »Eigenkapital«, Seite 29).

Der Bilanzgewinn ist jener Betrag, der für eine Ausschüttung zur Verfügung steht. Der nichtausgeschüttete Betrag wird auf das nächste Jahr unter der Position »Gewinn- bzw. Verlustvortrag« fortgeführt.

Teil 3
Internationale Rechnungslegung

Immer häufiger streben vor allem international tätige Unternehmen eine Integration von externem und internem Rechnungswesen an. Ausgelöst wurde diese Entwicklung durch die zunehmende Internationalisierung der externen Rechnungslegung. Im Zuge dieser Entwicklung bilanzieren immer mehr Unternehmen nach internationalen Rechnungslegungsgrundsätzen. Zwei der bekanntesten Standards sind:

- IAS = International Accounting Standards
- US-GAAP = US-Generally Accepted Accounting Principles

Grund für diese Entwicklung ist der Wunsch nach Steigerung der Transparenz und Akzeptanz der Ergebnisse sowie Wirtschaftlichkeitsüberlegungen. Die internationalen Rechnungslegungssysteme IAS und US-GAAP sind primär auf die Informationsbedürfnisse der Gesellschafter und weniger auf den Gläubigerschutz (= primäres Ziel des HGB) ausgerichtet. Die wirtschaftliche Leistungsfähigkeit des Unternehmens wird bei deutschen und österreichischen Rechnungslegungsvorschriften, die größtenteils aus dem HGB (= Handelsgesetzbuch) hergeleitet werden, nicht hinterfragt.

Die nachstehende **Tabelle** zeigt die **Unterschiede** zwischen herkömmlichen (auf Basis HGB) und internationalen (auf Basis IAS bzw. US-GAAP) Rechnungslegungsverfahren auf.

Unterschiede	HGB	IAS/US-GAAP
oberstes Rechnungsziel	Gläubigerschutz	Gesellschafterinteressen
Gewinnermittlung	ausschüttungsfähiger Gewinn	wirtschaftliche Leistungsfähigkeit
Grundprinzip	Betonung des Vorsichtsprinzips	Betonung des true and fair view (ein den tatsächlichen Verhältnissen entsprechendes Bild)
Gewinnrealisierung bei langfristiger Fertigung	Realisationsprinzip	POC-Methode (Percentage of Completition-Method)

Weitere Unterschiede zwischen HGB einerseits und IAS bzw. US-GAAP andererseits sind:

- kein Einfluss des Steuerrechts
- Verbot von Aufwendungsrückstellungen
- weniger Bilanzierungs-/Bewertungswahlrechte bzw. Konsolidierungswahlrechte
- höherer Ansatz der Pensionsverpflichtungen
- andere Definition der Gewinnrealisierung
- andere Definition von Vermögen und Schulden
- mehr Anhangsangaben und dadurch höhere Transparenz
- Kapitalflussrechnung verpflichtend und damit mehr Information

Ein typisches Beispiel für die Problematik der herkömmlichen HGB-Rechnungslegung ist die Bewertung von Halbfabrikaten bei langfristiger Fertigung. Gemäß HGB muss zu Herstellungskosten bewertet werden. Der noch nicht realisierte Gewinn darf nicht – auch nicht teilweise – aktiviert werden (Realisationsprinzip). Diese vorsichtige Bewertung lt. HGB erfüllt zwar den Grundgedanken des Gläubigerschutzes (ob das die Gläubiger tatsächlich schützt, ist eine andere Frage), gibt aber eine völlig verzerrte Leistungsdarstellung des Unternehmens wieder. Bei IAS bzw. US-GAAP würden die Halbfabrikate nach der POC-Methode (Percentage Of Completition-Method) bewertet werden. Der Bewertungsansatz ist hier – der Wirklichkeit entsprechend – höher, weil auch – dem Arbeits- bzw. Fertigungsfortschritt entsprechend – anteilige Gewinne realisiert werden.

In Österreich dürfen Großunternehmen seit 1999 ihre Konzernbilanz nach internationalen Rechnungsstandards wie IAS oder US-GAAP erstellen.

In Deutschland können Konzernabschlüsse nach IAS bzw. US-GAAP bereits seit 1998 erstellt werden. Das regelt das so genannte Kapitalaufnahme-Erleichterungsgesetz.

Sowohl IAS als auch US-GAAP sehen eine **Kapitalflussrechnung** als ergänzenden Bestandteil des Jahresabschlusses zwingend vor. Schon dadurch alleine wird der Informationsgehalt der Bilanz wesentlich erhöht.

Schema einer modernen Kapitalflussrechnung

Der gesamte Cash-Flow bzw. Finanzfluss eines Unternehmens kommt aus drei Bereichen (Quellen) und lässt sich wie folgt zusammenfassen:

±	Cash-Flow aus dem operativen Bereich (OCF)
±	Cash-Flow aus Investitionsaktivitäten (ICF)
±	Cash-Flow aus Finanzierungsaktivitäten (FCF)
=	**Veränderung der flüssigen Mittel**
+	Anfangsbestand der flüssigen Mittel
=	**Endbestand der flüssigen Mittel**

Der **Cash-Flow aus den operativen Tätigkeiten (OCF)** gibt an, in welcher Höhe Investitionen mit Hilfe der im laufenden Betriebsprozess freigesetzten Mittel finanziert werden können.

Der **Cash-Flow aus Investitionsaktivitäten (ICF)** ist meistens negativ, weil die Auszahlungen für Investitionen die Einzahlungen aus Anlagenverkäufen meist übersteigen.

Ist der **Cash-Flow aus Finanzierungsaktivitäten (FCF)** positiv (Überschuss), so kann er für die Gewinnausschüttung an die Gesellschafter und/oder für die Schuldentilgung verwendet werden.

Die Summe der drei Cash-Flows entspricht der Veränderung der »flüssigen Mittel« während der Betrachtungsperiode. Durch Hinzuzählen des Bestandes an flüssigen Mitteln zu Periodenanfang ergibt sich der Periodenendbestand.

Eine Zunahme der »Veränderung der flüssigen Mittel« ist als Liquiditätsverbesserung, eine Abnahme als Liquiditätsverschlechterung zu interpretieren.

Teil 4
Kennzahlen, Unternehmenswert und Insolvenz-Frühwarnsysteme

Kennzahlen

Der Quicktest

Was ist der Quicktest?

Der Quicktest ist ein Schnelltest. Obwohl nur vier Kennzahlen herangezogen werden, ist die Aussage bereits grundsätzlich richtig. Bei Verwendung von 30 oder mehr Kennzahlen würde sich am Ergebnis kaum etwas ändern. Mehr Kennzahlen haben allerdings den Vorteil, dass etwaige Fehlerquellen oder Ursachen für besonders günstige Entwicklungen rascher erkannt werden.

Welche Kennzahlen?

Die vier Quicktest-Kennzahlen sind:

- Eigenkapitalquote
- Schuldtilgungsdauer
- Gesamtkapitalrentabilität
- Cash-Flow-Leistungsrate

Warum gerade diese Kennzahlen?

Wenn nur vier Kennzahlen verwendet werden, dürfen diese nicht störanfällig sein und müssen darüber hinaus das gesamte Informationspotenzial der Bilanz und G&V weitestgehend ausschöpfen. Das geschieht dadurch, dass aus jedem der vier Analysebereiche

- Finanzierung
- Liquidität
- Rentabilität
- Aufwandstruktur/Erfolg

eine Kennzahl ausgewählt wird.

Eigenkapitalquote und **Schuldtilgungsdauer** zeigen eindeutig auf, ob das Unternehmen absolut (gemessen an der Bilanzsumme) bzw. relativ (gemessen am Cash-Flow) zu viel Fremdkapital hat oder nicht.

Die **Gesamtkapitalrentabilität** ist ebenfalls nicht störanfällig. Bei dieser Kennzahl kann es keine prozentualen Eskapaden geben, wie etwa bei der Eigenkapitalrentabilität. Ist die wichtige Eigenkapitalrentabilität sehr hoch (z. B. 60%), so ist das nicht immer positiv interpretierbar – dann nämlich, wenn die Eigenkapitalquote extrem niedrig ist. Bei der Gesamtkapitalrentabilität ist ein solcher »Ausreißer« nicht denkbar, weil es beim Gesamtkapital (Eigen- und Fremdkapital zusammen) keine Hebelwirkungen gibt.

Die **Cash-Flow-Leistungsrate** ist durch das Eliminieren der Abschreibungen weniger störanfällig als etwa die Umsatzrendite. Die Höhe der Abschreibungen hängt nämlich manchmal von steuer- und/oder finanztaktischen Maßnahmen ab, was die Aussagefähigkeit des Gewinnes beeinträchtigen kann.

Was sagen die vier Quicktest-Kennzahlen aus?

Analysebereich		Kennzahl	Formel	Aussage über die …
finanzielle Stabilität	Finanzierung	Eigenkapitalquote	$\dfrac{\text{Eigenkapital}}{\text{Gesamtkapital}} \times 100$	Kapitalkraft
finanzielle Stabilität	Liquidität	Schuldtilgungsdauer in Jahren	$\dfrac{\text{Fremdkapital} - \text{flüssige Mittel}}{\text{Jahres-Cash-Flow}} \times 100$	Verschuldung
Ertragskraft	Rentabilität	Gesamtkapitalrentabilität	$\dfrac{\text{EGT} + \text{Fremdkapitalzinsen}}{\text{Gesamtkapital}} \times 100$	Rendite
Ertragskraft	Erfolg	Cash-Flow-Leistungsrate	$\dfrac{\text{Cash-Flow}}{\text{Betriebsleistung}} \times 100$	finanzielle Leistungsfähigkeit

Beurteilungsskala und Note

Für eine treffsichere Beurteilung empfiehlt sich die Verwendung der umseitigen Beurteilungsskala. Die fünfteilige Notenskala ermöglicht es, für jede Kennzahl eine Note zwischen 1 (sehr gut) und 5 (insolvenzgefährdet) zu vergeben. Die Gesamtnote erhält man durch Addition der vier Einzelnoten und Division der Gesamtsumme durch vier (arithmetisches Mittel). Zusätzlich sollte noch je eine Durchschnittsnote (ebenfalls arithmetisches Mittel) für

- die finanzielle Stabilität und
- die Ertragskraft

gebildet werden, weil dann ein drohendes Problem früher erkannt wird und rascher mit dem Gegensteuern begonnen werden kann.

Quicktest-Beurteilungsskala

Kennzahl	Beurteilungsskala (Note)				
	sehr gut (1)	gut (2)	mittel (3)	schlecht (4)	insolvenz-gefährdet (5)
Eigenkapitalquote	> 30%	> 20%	> 10%	< 10%	negativ
Schuldtilgungsdauer in Jahren	< 3 J.	< 5 J.	< 12 J.	< 30 J.	> 30 J.
Zwischennote A: finanzielle Stabilität	arithmetischer Notendurchschnitt aus Eigenkapitalquote und Schuldtilgungsdauer				
Gesamtkapitalrentabilität	> 15%	> 12%	> 8%	< 8%	negativ
Cash-Flow-Leistungsrate	> 10%	> 8%	> 5%	< 5%	negativ
Zwischennote B: Ertragskraft	arithmetischer Notendurchschnitt aus Gesamtkapitalrentabilität und Cash-Flow-Leistungsrate				
Gesamtnote	arithmetischer Notendurchschnitt aus allen vier Kennzahlen				

Welche Informationen sind für die Quicktest-Ermittlung notwendig?

Für die Ermittlung der vier Quicktest-Kennzahlen benötigt man folgende Informationen:

Aus der Bilanz	Aus der G&V
– Eigenkapital – Gesamtkapital (= Eigen- und Fremdkapital) – flüssige Mittel – Fremdkapital	– Betriebsleistung – Fremdkapitalzinsen – Ergebnis der gewöhnlichen Geschäftstätigkeit (= EGT) – Cash-Flow aus dem Ergebnis

Ermitteln Sie die individuelle Quicktest-Note

1. Zunächst nehmen Sie die beiden letzten Jahresabschlüsse zur Hand.
2. Anschließend ermitteln Sie die vier Quicktestkennzahlen. Die Formeln in der folgenden Tabelle beziehen sich auf die Gliederungsnummern im Kapitel 2.

	[Positionsnummer] siehe Kapitel 2	Ergebnisse		Note	
finanzielle Stabilität	Eigenkapitalquote $\frac{[400]}{[800]}$	——— x 100 = ...	——— x 100 = ...	...	...
	Schuldtilgungsdauer $\frac{[500+600+700-230]}{[16+9]+\text{Dot.-Aufl. lfr. RSt.}}$	——— x 100 = ...	——— x 100 = ...	...	...
Ertragskraft	Gesamtkapitalrentabilität $\frac{[16 + 14]}{[800]}$	——— x 100 = ...	——— x 100 = ...	...	...
	Cash-Flow-Leistungsrate $\frac{[16+9]+\text{Dot.-Aufl. lfr. RSt.}}{[5]}$	——— x 100 = ...	——— x 100 = ...	...	...
			Note für finanzielle Stabilität	...	...
			Note für Ertragskraft	...	...
			Gesamtnote	...	...

Kennzahlen, Unternehmenswert und Insolvenz-Frühwarnsysteme

Weitere Kennzahlen zur Ursachenanalyse

Kennzahlenübersicht

Alle Kennzahlen, die in diesem Buch zur Anwendung kommen, werden umseitig aufgelistet und dem jeweiligen Analysebereich zugeordnet.

Kennzahlen zur Beurteilung der finanziellen Stabilität
■ *Analysebereich Investition*

Kennzahl	Formel	Betriebs-art	Approx. Beurteilung/Grobbewertung		
			gut	mittel	schlecht
Anlagen-intensität	$\dfrac{\text{Anlagevermögen} \times 100}{\text{Bilanzsumme}}$	Industrie Gewerbe Großhandel Einzelhandel	> 40% < 20% < 15% < 15%	20–40% 20–40% 15–30% 15–30%	< 20% > 40% > 30% > 30%
Abschrei-bungs-quote	$\dfrac{\text{Abschreibungen auf Sachanlagevermögen} \times 100}{\text{Buchwert der Sachanlagen am Jahresende}}$	Industrie Gewerbe Großhandel Einzelhandel	> 25%	15–25%	< 15%

Ermitteln Sie die individuellen Kennzahlen Ihres Betriebes, und führen Sie einen Kennzahlenvergleich durch!

Kennzahl	[Positionsnummer] siehe Teil 2	Ergebnisse	
		...	...
Anlagen-intensität	$\dfrac{[100]}{[800]}$	—— x 100 = ...	—— x 100 = ...
Abschreibungs-quote	$\dfrac{[9]}{[110]}$	—— x 100 = ...	—— x 100 = ...

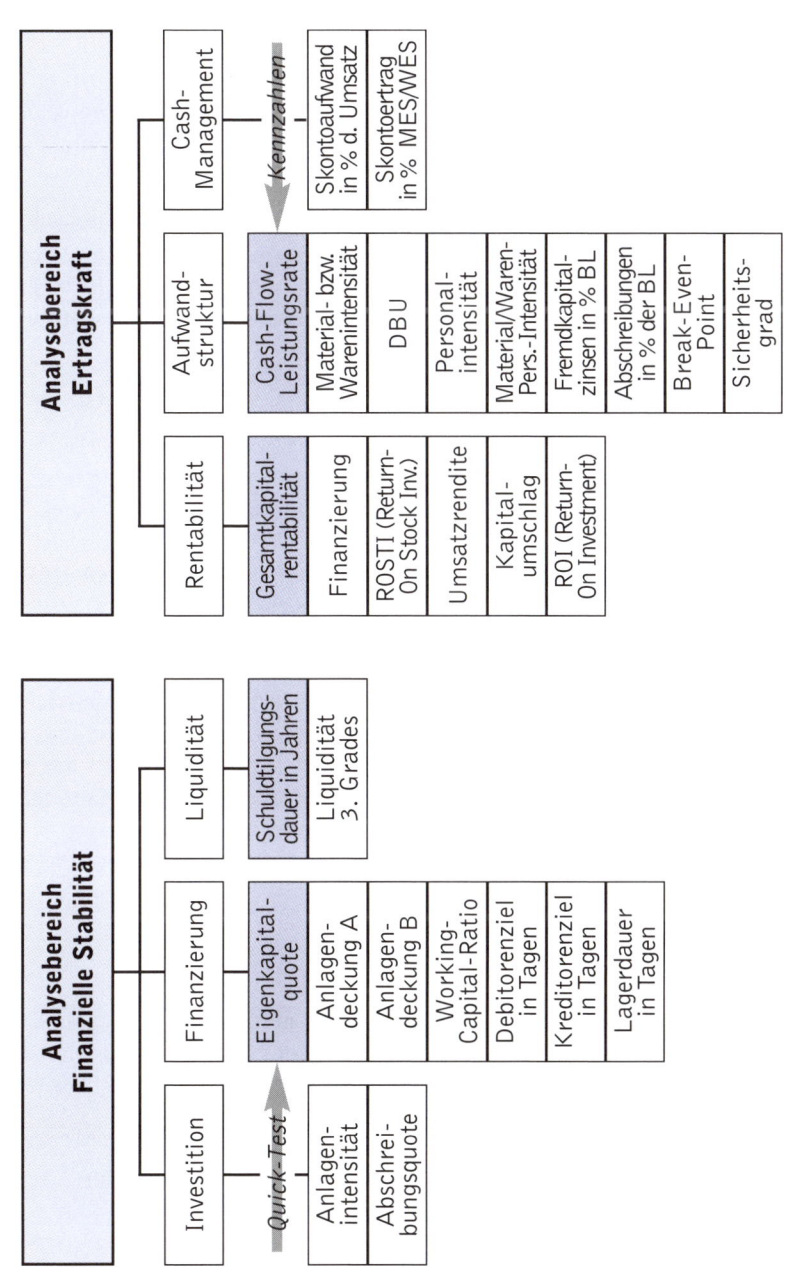

Anlagenintensität
Was bedeutet niedrige und hohe Anlagenintensität?

- Je niedriger das Anlagevermögen, desto flexibler ist das Unternehmen bei Anpassungen an unterschiedliche Beschäftigungsgrade. Bei Unterbeschäftigung schlägt das Problem der Leerkosten nicht so stark auf den Erfolg durch wie bei anlagenintensiven Betrieben.

- Niedriges Anlagevermögen kann dann unvorteilhaft sein, wenn durch jahrelange Investitionsstopps das Anlagevermögen ausgezehrt wird, dadurch der technische Fortschritt (Rationalisierung) abnimmt und in Zukunft Ertragseinbußen nur mit hohen Investitionsausgaben verhindert werden können.

- Niedriges Anlagevermögen ist manchmal auch ein Signal für größere Leasing-Engagements.

- Hohes Anlagevermögen kann durch Fehlinvestitionen entstanden sein; die Umsatzrendite ist dann meist schlecht. Andererseits kann eine hohe Anlagenintensität auch durch erfolgreiche Rationalisierungsinvestitionen begründet sein, was fast immer mit einer guten Umsatzrendite – eventuell um ein Jahr phasenverschoben – einhergeht.

→ **Die unterschiedliche Hypothese zwischen Industriebetrieben einerseits und Gewerbe-, Groß- und Einzelhandelsunternehmen andererseits ist zu beachten! Wenn Industriebetriebe nicht oder nur wenig investieren, ist das ein Makel. Bei Handwerks- und Handelsbetrieben hingegen ist es eine Tugend, wenig zu investieren.**

Abschreibungsquote
Was sagt die Abschreibungsquote aus?

Mit dieser Kennzahl kann festgestellt werden, ob die Abschreibung in einem guten Verhältnis zum Sachanlagevermögen steht oder nicht. Ein kontinuierlich steigender Wert lässt Investitionsschwächen erkennen.

→ **Abschreibungsquote und tatsächliche Gewinnsituation**

Manchmal weist die Abschreibungsquote auch auf die tatsächliche Gewinnsituation hin. Eine extrem niedrige Abschreibungsquote kann einen zu hohen Gewinn bedeuten und umgekehrt.

■ *Analysebereich Finanzierung*

Kennzahl	Formel	Betriebsart	Approx. Beurteilung/Grobbewertung		
			gut	mittel	schlecht
Eigenkapitalquote	$\dfrac{\text{Eigenkapital} \times 100}{\text{Gesamtkapital}}$	Industrie Gewerbe Großhandel Einzelhandel	siehe Quicktest Seite 53		
Anlagendeckung-A	$\dfrac{\text{Eigenkapital} \times 100}{\text{Anlagevermögen}}$	Industrie Gewerbe Großhandel Einzelhandel	> 70% > 60% > 120% > 80%	10–70% 10–60% 10–120% 10–80%	< 10% < 10% < 10% < 10%
Anlagendeckung-B	$\dfrac{(\text{EK} + \text{lfr. FK}) \times 100}{\text{Anlagevermögen}}$ oder bei Überschuldung: $\dfrac{\text{langfrist. FK} \times 100}{\text{Anlageverm.} + \text{Fehlkapital}}$	Industrie Gewerbe Großhandel Einzelhandel	> 150% > 140% > 200% > 170%	110–150% 110–140% 120–200% 110–170%	< 110% < 110% < 120% < 110%
Working-Capital-Ratio	$\dfrac{\text{Working Capital} \times 100}{\text{kurzfristiges Umlaufvermögen}}$	Industrie Gewerbe Großhandel Einzelhandel	> 40%	10–40%	< 10%
Debitorenziel in Tagen	$\dfrac{\text{Kundenforderungen} \times 365}{\text{Umsatz}}$	Industrie Gewerbe Großhandel Einzelhandel	< 30 Tg. < 30 Tg. < 20 Tg. < 5 Tg.	30–80 Tg. 30–80 Tg. 20–80 Tg. 5–25 Tg.	> 80 Tg. > 80 Tg. > 80 Tg. > 25 Tg.
Kreditorenziel in Tagen	$\dfrac{\text{Lieferantenverbindlichkeiten} \times 365}{\text{Waren-/Materialeinsatz} + \text{Fremdleistung}}$	Industrie Gewerbe Großhandel Einzelhandel	< 40 Tg. < 40 Tg. < 30 Tg. < 20 Tg.	40–100 Tg. 40–100 Tg. 30–90 Tg. 20–60 Tg.	> 100 Tg. > 100 Tg. > 90 Tg. > 60 Tg.
Lagerdauer in Tagen	$\dfrac{\text{Vorräte} \times 365}{\text{Waren-/Materialeinsatz}}$	Industrie Gewerbe Großhandel Einzelhandel	< 120 Tg. < 50 Tg. < 50 Tg. < 100 Tg.	120–180 Tg. 50–100 Tg. 50–100 Tg. 100–150 Tg.	> 180 Tg. > 100 Tg. > 100 Tg. > 150 Tg.

Ermitteln Sie die individuellen Kennzahlen Ihres Betriebes, und führen Sie einen Kennzahlenvergleich durch!

Kennzahl	[Positionsnummer] siehe Teil 2	Ergebnisse	
		...	...
Eigenkapitalquote	$\dfrac{[400]}{[800]}$	——— x 100 = ...	——— x 100 = ...
Anlagendeckung A	$\dfrac{[400]}{[100]}$	——— x 100 = ...	——— x 100 = ...
Anlagendeckung B	$\dfrac{[400+(500+600)^{1)}]}{[100]}$ bei Überschuldung: $\dfrac{[(500+600)^{1)}]}{[100]+\text{Fehlkapital}}$	——— x 100 = ...	——— x 100 = ...
Working-Capital-Ratio	$\dfrac{[200-(500+600)^{2)}]}{[200]}$	——— x 100 = ...	——— x 100 = ...
Debitorenziel in Tagen	$\dfrac{[221]}{[1]}$	——— x 365 = ...	——— x 365 = ...
Kreditorenziel in Tagen	$\dfrac{[630+640^{3)}]}{[6]}$	——— x 365 = ...	——— x 365 = ...
Lagerdauer in Tagen	$\dfrac{[211+214]}{[6^{4)}]}$	——— x 365 = ...	——— x 365 = ...

1) soweit langfristig (langfristig ist länger als 1 Jahr gebunden)
2) soweit kurzfristig
3) sofern aus Lieferungen und Leistungen
4) ohne Aufwendungen für bezogene Leistungen

Eigenkapitalquote
Warum sollte die Eigenkapitalquote mindestens 20% betragen?

Wird unterstellt, dass sich das Gesamtkapital jährlich zweimal umschlägt, dann können bei einer 20%igen Eigenkapitalquote drei Verlustjahre mit einem Verlust von je 3,3% vom Umsatz abgedeckt werden, bei einer 30%igen Eigenkapitalquote vier Verlustjahre mit einem Verlust von je 3,75% vom Umsatz usw. Allgemein gilt:

	Anzahl der Verlustjahre
x	durchschnittlicher Jahresverlust in % des Umsatzes
=	aufgelaufener Verlust in % des Umsatzes
x	Kapitalumschlag
=	notwendige Eigenkapitalquote

Anlagendeckung A
Was sagt die Anlagendeckung A aus?

Die Anlagendeckung A drückt aus, zu wie viel Prozent das Anlagevermögen durch Eigenkapital abgedeckt (finanziert) wird.

Grafische Darstellung bei gut finanzierten Erzeugungs- und Handwerksbetrieben

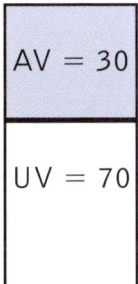
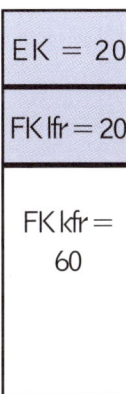

Anlagendeckung A: 67% (20 : 30 x 100)

Anlagendeckung B: 133% (40 : 30 x 100)

Anlagendeckung B
Was sagt die Anlagendeckung B aus?

Die Anlagendeckung B drückt aus, zu wie viel Prozent das Anlagevermögen durch Eigenkapital und langfristiges Fremdkapital abgedeckt (finanziert) wird. Weil das gesamte Anlagevermögen und ein Teil des Umlaufvermögens unbedingt langfristig finanziert sein sollten, muss die Anlagendeckung B > 110% sein. Bei gut finanzierten Unternehmungen ist sie es auch.

Working-Capital-Ratio
Was sagt die Working-Capital-Ratio aus?

Die Working-Capital-Ratio zeigt auf, wie viel Prozent des Umlaufvermögens langfristig und damit günstiger finanziert sind. Die Aussage des Working-Capital in Bezug auf das langfristig zur Verfügung stehende Finanzierungspotenzial ist verbesserungsfähig, wenn

- ■ nicht ausgenutzte langfristige Kreditmöglichkeiten und
- ■ ausstehende Einlagen und Nachschüsse, die kurzfristig eingefordert werden können,

dem Working-Capital hinzugerechnet werden.

Grafische Darstellung (Anwendungsbeispiel)

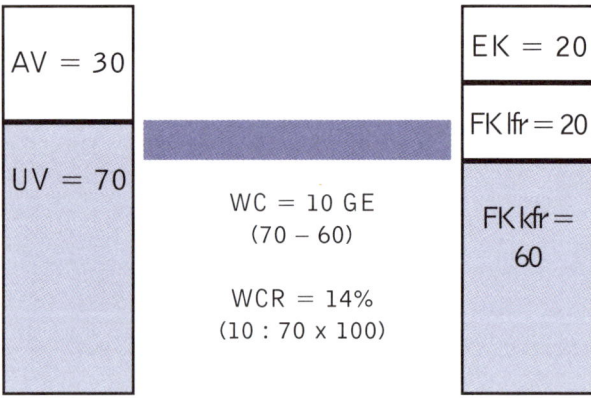

Die Working-Capital-Ratio ist hier mit 14% zu niedrig. 30% oder mehr wären akzeptabel.

Debitorenziel in Tagen
Was sagt das Debitorenziel in Tagen aus?

Diese Kennzahl zeigt auf, nach wie viel Tagen die Kunden ihre Rechnungen bezahlen. Die Höhe dieser Kennzahl hängt sehr davon ab, wie straff das Mahnwesen organisiert ist.

→ **Überhöhte Kundenskonti sollten nicht als Anreiz für ein niedriges Debitorenziel gewährt werden, weil das unwirtschaftlich ist. Zinskosten für Bankkredite sind meist um ein Mehrfaches günstiger als überhöhte Kundenskonti.**

Kreditorenziel in Tagen
Was sagt das Kreditorenziel in Tagen aus?

Diese Kennzahl zeigt auf, nach wie viel Tagen die Lieferantenverbindlichkeiten bezahlt werden.
　　　Das Kreditorenziel wird bzw. sollte dann niedrig sein, wenn die Lieferanten attraktive Skontoerträge gewähren. Attraktiv sind die Skontoerträge dann, wenn

- ■ die Skontobezugsspanne nur wenige Tage beträgt und
- ■ der gewährte Skontoertrag sehr hoch ist.

Aus der folgenden Grafik kann der Jahreszinssatz abgelesen werden, wenn man den Schnittpunkt aus Skontosatz und Skontobezugsspanne horizontal nach links verschiebt.

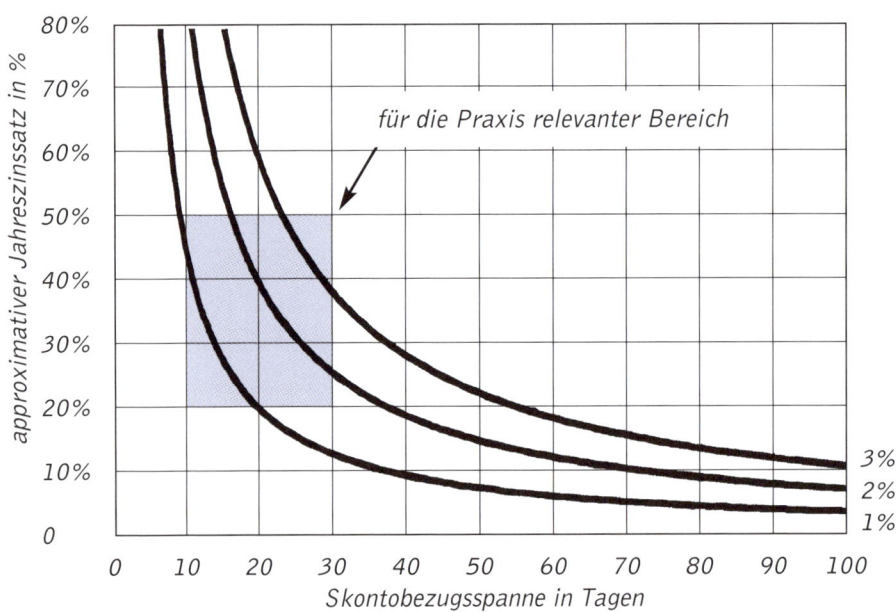

Skontorendite

Lagerdauer in Tagen

Die Kennzahl »Lagerdauer in Tagen« ist bei Industrie- und Handwerksbetrieben meist nicht richtig, weil sich hier der Lagerbestand wie folgt zusammensetzt:

1. Roh-, Hilfs- und Betriebsstoffe
2. Unfertige Erzeugnisse
3. Fertige Erzeugnisse und Waren
4. Noch nicht abrechenbare Leistungen
5. Geleistete Anzahlungen

Dieser heterogene Lagerbestand wird dem Materialeinsatz gegenübergestellt, obwohl der Lagerbestand zu Einstandspreisen (Rohstoffe) und Herstellungskosten (unfertige und fertige Erzeugnisse) bewertet ist, während der Materialeinsatz immer nur zu Einstandspreisen angesetzt wird.

Anders ausgedrückt:

Die Lagerdauer kann nur getrennt nach den oben angeführten Lagerkategorien ermittelt werden, wenn sie aussagefähig sein soll. Dem Materialeinsatz dürfen nur die Bestände aus Roh-, Hilfs- und Betriebsstoffen gegenübergestellt werden, keineswegs aber die Bestände aus unfertigen Erzeugnissen und Fertigerzeugnissen. Sollte auch ein Handelswarenbestand vorrätig sein, müsste der Einsatz in »Rohstoffe« sowie »Handelsware« untergliedert und anschließend den beiden entsprechenden Vorratspositionen gegenübergestellt werden.

Eigentlich hängt die Lagerdauer primär von folgenden Faktoren ab:

- Länge der Wiederbeschaffungszeit
- Schwankung der Nachfrage während der Wiederbeschaffungszeit
- Gewünschter Servicegrad bzw. angestrebte Lieferbereitschaft

Je länger die Wiederbeschaffungszeit, je stärker die Nachfrageschwankung und je höher der gewünschte Servicegrad, desto höher wird der Lagerbestand sein müssen.

Aufgrund dieser betriebsindividuellen Informationen kann für jedes Unternehmen eine individuelle Soll-Lagerdauer auf statistischer Basis errechnet werden, die Aufschluss darüber gibt, wie stark das Ist-Lager abgebaut werden kann.

- *Analysebereich Liquidität*

Kennzahl	Formel	Betriebsart	Approx. Beurteilung/Grobbewertung		
			gut	mittel	schlecht
Schuldtilgungsdauer in Jahren	$\dfrac{\text{Fremdkapital} - \text{flüssige Mittel}}{\text{Cash-Flow}}$	Industrie Gewerbe Großhandel Einzelhandel	siehe Quicktest Seite 53		
Liquidität 3. Grades	$\dfrac{\text{kurzfristiges Umlaufvermögen} \times 100}{\text{kurzfristiges Fremdkapital}}$	Industrie Gewerbe Großhandel Einzelhandel	> 150%	120–150%	< 120%

Ermitteln Sie die individuellen Kennzahlen Ihres Betriebes, und führen Sie einen Kennzahlenvergleich durch!

Kennzahl	[Positionsnummer] siehe Teil 2	Ergebnisse	
		...	...
Schuldtilgungsdauer in Jahren	$\dfrac{[500+600+700-230]}{[16+9]+\text{Dot.--Aufl. lfr. RSt.}}$	——— = ...	——— = ...
Liquidität 3. Grades	$\dfrac{[200]}{[500+600^{1)}]}$	——— x 100 = ...	——— x 100 = ...

1) soweit kurzfristig

Schuldtilgungsdauer in Jahren – Interpretationshilfen

Finanziell besonders gut ausgestattete Betriebe mit einer hohen Cash-Flow-Leistungsrate erzielen eine Schuldtilgungsdauer zwischen ein und drei Jahren, manchmal eine noch niedrigere.

Ist die Schuldtilgungsdauer größer als zwölf Jahre, dann ist

- ■ eine Verstärkung der Eigenkapitalbasis und/oder
- ■ eine Verbesserung der Ertragskraft

anzustreben. Bei einer Schuldtilgungsdauer von mehr als 30 Jahren ist rasches Handeln geboten, um die Tilgungsdauer zu verkürzen.

Was sagt die Schuldtilgungsdauer in Jahren aus?

Die Schuldtilgungsdauer ist weltweit als eine besonders aussagefähige Kennzahl anerkannt. Sie sagt (fiktiv) aus, nach wie vielen Jahren das Unternehmen aus eigener Kraft imstande wäre, seine Schulden zu bezahlen. Es wird also aufgezeigt, wie stark das Unternehmen von seinen Kreditgebern abhängig ist.

Liquidität 3. Grades – Synonyme Bezeichnungen

- Gesamtliquidität
- Mobilität
- Current-Ratio

Wie hoch soll die Liquidität 3. Grades sein?

Ist der Kennzahlenwert größer als 150%, kann die Mobilität als ausreichend bezeichnet werden; ist sie kleiner als 120%, dann ist sie knapp.

Grafische Darstellung der Mobilität (Anwendungsbeispiel)

soll: 233% (20 : 30 x 100) sehr gut   ist

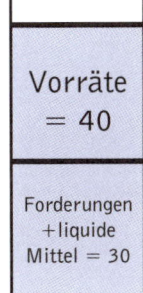
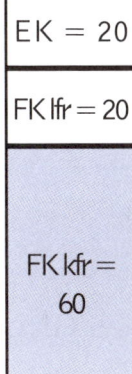

Die Liquidität 3. Grades ist hier im Ist-Zustand mit 117% (70 : 60 x 100) nicht ausreichend.

Interdependenzen zwischen WCR und Mobilität

Die Mobilität (MOB) und die Working-Capital-Ratio (WCR) speisen ihre Formeln mit den gleichen Bilanzpositionen, nämlich:

- kurzfristiges Umlaufvermögen (UV)
- kurzfristiges Fremdkapital (FK kfr.)

Wird für UV ein Wert von 70 GE und für FK kfr. ein solcher von 60 GE angesetzt, dann ergibt sich ein WCR von 14% ((UV-FK kfr.)/UV x 100) bzw. eine MOB von 117% (UV x 100/FK kfr.).

Jede der beiden Kennzahlen lässt sich jeweils von der anderen herleiten.

$$MOB = \frac{WCR}{100 - WCR} + 100 \qquad WCR = \frac{MOB - 100}{MOB}$$

Kennzahlen zur Beurteilung der Ertragskraft
■ *Analysebereich Rentabilität*

Kennzahl	Formel	Betriebs-art	Approx. Beurteilung/Grobbewertung		
			gut	mittel	schlecht
Gesamt-kapital-rentabilität	$\frac{(EGT + Zinsaufwand) \times 100}{Gesamtkapital}$	Industrie Gewerbe Großhandel Einzelhandel	siehe Quicktest Seite 53		
Eigen-kapital-rentabilität	$\frac{EGT \times 100}{Eigenkapital}$	Industrie Gewerbe Großhandel Einzelhandel	> 30% > 30% > 20% > 30%	10–30% 10–30% 10–20% 10–30%	< 10% < 10% < 10% < 10%
Return On Stock Investment (ROSTI)	Rohgewinn in % vom Waren-einsatz × Umschlags-häufigkeit des Lagers	Industrie Gewerbe Großhandel Einzelhandel	Nur für Einzel- und Großhandel relevant		
			> 250 > 500	120–250 150–500	< 120 < 120
Umsatz-rendite	$\frac{EGT \times 100}{Betriebsleistung}$	Industrie Gewerbe Großhandel Einzelhandel	> 5%	1–5%	< 1%
Kapital-umschlag	$\frac{Betriebsleistung}{Bilanzsumme}$	Industrie Gewerbe Großhandel Einzelhandel	> 1,75 > 2 > 2,5 > 3	1–1,75 1–2 1,25–2,5 1,5–3	< 1 < 1 < 1,25 < 1,5
Return On Investment (ROI)	Umsatzrendite × Kapitalumschlag $\frac{EGT \times 100}{BL} \times \frac{BL}{Bilanzsumme}$	Industrie Gewerbe Großhandel Einzelhandel	> 8,75% > 10% > 12,5% > 15%	1–8,75% 1–10% 1,25–12,5% 1,5–15%	< 1% < 1% < 1,25% < 1,5%

Ermitteln Sie die individuellen Kennzahlen Ihres Betriebes, und führen Sie einen Kennzahlenvergleich durch!

Kennzahl	[Positionsnummer] siehe Teil 2	Ergebnisse	
		...	...
Gesamtkapital- rentabilität	$\frac{[16 + 14]}{[800]}$	——— x 100 = ...	——— x 100 = ...
Eigenkapital- rentabilität	$\frac{[16]}{[400]}$	——— x 100 = ...	——— x 100 = ...
Return On Stock Investment (ROSTI)	$\frac{[7]}{[6]} \times \frac{[6]}{[213]}$	$\frac{\times 100}{}$ x ——— = ...	$\frac{\times 100}{}$ x ——— = ...
Umsatz- rendite	$\frac{[16]}{[5]}$	——— x 100 = ...	——— x 100 = ...
Kapitalumschlag	$\frac{[5]}{[800]}$	——— = ...	——— = ...
Return On Invest- ment (ROI)	Umsatzrendite x Kapitalumschlag	x = ...	x = ...

Gesamtkapitalrentabilität
Was sagt die Gesamtkapitalrentabilität aus?

Die Gesamtkapitalrentabilität spiegelt wider, mit welcher Effizienz das im Unternehmen eingesetzte Gesamtkapital, unabhängig von seiner Finanzierung, arbeitet. Je höher der Prozentsatz, desto günstiger.

Leverage-Effekt

Das Verhältnis von Eigenkapitalrendite zu Gesamtkapitalrendite wird als Leverage-Faktor bezeichnet. Der Leverage-Effekt besagt, dass zwischen Eigenkapital- und Gesamtkapitalrentabilität eine Hebelwirkung besteht. Solange der Fremdkapitalzinssatz niedriger ist als die Gesamtkapitalrentabilität, steigt die Eigenkapitalrentabilität bei Zuführung von Fremdkapital (positiver Leverage-Effekt). Ist hingegen die Gesamtkapitalrentabilität niedriger als der Fremdkapitalzinssatz, dann sinkt die Eigenkapitalrendite mit zunehmender Verschuldung (negativer Leverage-Effekt).

Fallbeispiel

Ziel dieses Fallbeispieles ist es – von einem Ist-Zustand ausgehend –, den positiven und negativen Leverage-Effekt aufzuzeigen.

- Ist-Zustand

Bilanzsumme	100	Fremdkapital	60	Eigenkapital	40
Gesamtertrag*)	17	Fremdkapitalzinsen	2	Gewinn	15
Gesamtkapital-rentabilität	17%	Zinssatz	3,3%	Eigenkapital-rentabilität	37,5%
*) Fremdkapitalzinsen + Gewinn					

- **Positiver Leverage-Effekt** (Erhöhung des Fremdkapitalanteils bei unverändert günstigem Durchschnitts-Zinssatz)

Bilanzsumme	100	Fremdkapital	70	Eigenkapital	30
Gesamtertrag*)	17	Fremdkapitalzinsen	2,3	Gewinn	14,7
Gesamtkapital-rentabilität	17%	Zinssatz	3,3%	Eigenkapital-rentabilität	49%
*) Fremdkapitalzinsen + Gewinn					

Die Eigenkapitalrendite steigt von 37,5% auf 49%.

- **Negativer Leverage-Effekt** (Erhöhung des Fremdkapitalanteils bei gleichzeitigem Anstieg des durchschnittlichen Fremdkapital-Zinssatzes auf 10%)

Bilanzsumme	100	Fremdkapital	70	Eigenkapital	30
Gesamtertrag*)	17	Fremdkapitalzinsen	7	Gewinn	10
Gesamtkapital-rentabilität	17%	Zinssatz	10,0%	Eigenkapital-rentabilität	33,3%
*) Fremdkapitalzinsen + Gewinn					

Die Eigenkapitalrendite sinkt von 37,5% auf 33,3%.

Erkenntnis

Durch Erhöhung des Fremdkapitalanteils von 60% auf 70% verbessert sich die Eigenkapitalrentabilität von 37,5% auf 49%, weil der Zinsfuß für das Fremdkapital mit 3,3% sehr günstig ist. Kostet hingegen das Fremdkapital 10%, dann verschlechtert sich die Eigenkapitalrendite von 37,5% auf 33,3%, wenn der Fremdkapitalanteil von 60% auf 70% erhöht wird.

Eigenkapitalrentabilität
Was sagt die Eigenkapitalrentabilität aus?

Diese Kennzahl zeigt die Verzinsung des Eigenkapitals auf. Die Höhe der Eigenkapitalrentabilität hängt stark vom Verhältnis der Gesamtkapitalrentabilität zum Fremdkapital-Zinssatz ab (Leverage-Effekt).

Ein Ansteigen (Sinken) der Eigenkapitalrentabilität kann bedeuten:

- Sinken (Anstieg) der Fremdkapitalverzinsung
- Verbesserung (Verschlechterung) des Betriebsergebnisses
- Geringere (höhere) Eigenkapitalquote
- Kombination aus zwei oder allen drei Faktoren

Return on Stock Investment (ROSTI)
Was sagt der ROSTI aus?

Der ROSTI drückt die Rentabilität des Lagerbestandes (Stock) aus. Der ROSTI sagt aus, wie viele Cent Rohgewinn pro Euro Lagerwert in einem Jahr erwirtschaftet wurden bzw. werden sollen.

→ **Das Arbeiten mit dem ROSTI ist nur in Einzelhandels- und Großhandelsunternehmungen zweckmäßig. Bei Dienstleistungs- und Produktionsbetrieben ist die »ROSTI-Philosophie« nicht sinnvoll anwendbar.**

Beispiel für den ROSTI

Dieses Fallbeispiel zeigt, wie der ROSTI ermittelt wird. Bei Artikelgruppe A wird je Ø GE Lagerbestand ein Rohgewinn von 1,7 GE p.a. (34% x 5 U) erwirtschaftet, bei Artikelgruppe C nur ein Rohgewinn von 0,8 GE p.a. (80% x 1 U). Die beste Kombination aus Aufschlag und Lagerumschlag wird bei Artikelgruppe B erzielt (60% x 3 U = 1,8 GE ROSTI p.a.).

Artikel-gruppe	Betriebs-leistung	Waren-einsatz	Rohge-winn bzw. Spanne	Aufschlag in % vom Wareneinsatz	Ø Bestand	Lager-umschlag	ROSTI
A	134	100	34	34%	20	5 x	170
B	48	30	18	60%	10	3 x	180
C	18	10	8	80%	10	1 x	80
Gesamt	200	140	60		40		
Ø				43%		3,5 x	150

Rohgewinn	+	−	=				
Lagerumschlag		+			:		=
ROSTI (Return on Stock Investment)				+		x	=

Der Return On Investment (ROI)

Die folgende Grafik zeigt, aus welchen Bilanz- und G&V-Positionen sich der ROI zusammensetzt:

ROI-Schema

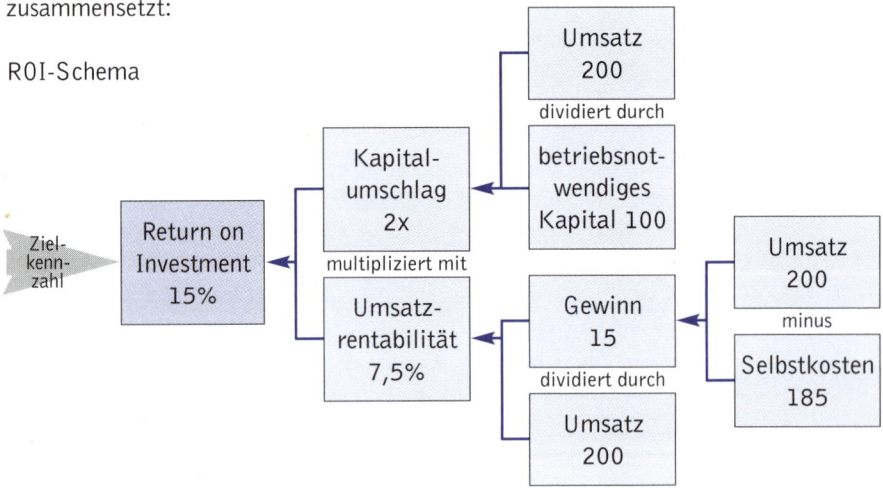

■ *Analysebereich Aufwandstruktur und Erfolg*

Kennzahl	Formel	Betriebsart	Approx. Beurteilung/Grobbewertung		
			gut	mittel	schlecht
Cash-Flow in % der BL	$\dfrac{(\text{EGT} + \text{naw. Fixkosten}) \times 100}{\text{Betriebsleistung}}$	Industrie Gewerbe Großhandel Einzelhandel	siehe Quicktest Seite 53		
Material- bzw. Warenintensität	$\dfrac{\text{Material-/Wareneinsatz} \times 100}{\text{Betriebsleistung}}$	Industrie Gewerbe Großhandel Einzelhandel	< 35% < 35% < 60% < 60%	35–50% 35–50% 60–70% 60–80%	> 50% > 50% > 70% > 80%
DBU	$\dfrac{\text{Deckungsbeitrag} \times 100}{\text{Betriebsleistung}}$	Industrie Gewerbe Großhandel Einzelhandel	> 65% > 65% > 40% > 40%	50–65% 50–65% 30–40% 20–40%	< 50% < 50% < 30% < 20%
Personalintensität	$\dfrac{\text{Personalkosten} \times 100}{\text{Betriebsleistung}}$	Industrie Gewerbe Großhandel Einzelhandel	< 25% < 25% < 12% < 7%	25–40% 25–45% 12–22% 7–20%	> 40% > 45% > 22% > 20%
Material- bzw. Waren- und Personalintensität	$\dfrac{(\text{Material-/Wareneinsatz} + \text{Personalkosten}) \times 100}{\text{Betriebsleistung}}$	Industrie Gewerbe Großhandel Einzelhandel	< 73% < 75% < 77% < 78%	73–76% 75–78% 77–80% 78–87%	> 76% > 78% > 80% > 87%
Fremdkapitalzinsen in % der BL	$\dfrac{\text{Fremdkapitalzinsen} \times 100}{\text{Betriebsleistung}}$	Industrie Gewerbe Großhandel Einzelhandel	< 2%	2–4%	> 4%
Abschreibungen in % der BL	$\dfrac{\text{Abschreibungen} \times 100}{\text{Betriebsleistung}}$	Industrie Gewerbe Großhandel Einzelhandel	> 7% < 3% < 2% < 1%	3–7% 3–5% 2–4% 1–3%	< 3% > 5% > 4% > 3%

Kennzahl	Formel	Betriebsart	Approx. Beurteilung/Grobbewertung		
			gut	mittel	schlecht
Break-Even-Point	gesamte Jahresfixkosten / DBU/100	Industrie Gewerbe Großhandel Einzelhandel			
Sicherheitsgrad	100 − Break-Even-Point in % der Betriebsleistung	Industrie Gewerbe Großhandel Einzelhandel	> 10%	3–10%	< 3%

Ermitteln Sie die individuellen Kennzahlen Ihres Betriebes, und führen Sie einen Kennzahlenvergleich durch!

Kennzahl	[Positionsnummer] siehe Teil 2	Ergebnisse	
		...	...
Cash-Flow-Leistungsrate	$\dfrac{[16+9]+\text{Dot.}-\text{Aufl. lfr. RSt.}}{[5]}$	—— x 100 = ...	—— x 100 = ...
Material- bzw. Warenintensität	$\dfrac{[6]}{[5]}$	—— x 100 = ...	—— x 100 = ...
DBU	$\dfrac{[7]}{[5]}$	—— x 100 = ...	—— x 100 = ...
Personalintensität	$\dfrac{[8]}{[5]}$	—— x 100 = ...	—— x 100 = ...

Kennzahl	[Positionsnummer] siehe Teil 2	Ergebnisse	
		...	...
Material-/ Waren- und Personal-intensität	$\dfrac{[6+8]}{[5]}$	——— x 100 = ...	——— x 100 = ...
Fremdkapitalzinsen in % der BL	$\dfrac{[14]}{[5]}$	——— x 100 = ...	——— x 100 = ...
Abschreibungen in % der BL	$\dfrac{[9]}{[5]}$	——— x 100 = ...	——— x 100 = ...
Break-Even-Point	$\dfrac{[8+9+10+15]}{[DBU/100]}$	$\dfrac{}{0,}$ = ...	$\dfrac{}{0,}$ = ...
Sicherheitsgrad	$100 - \dfrac{\text{Break-Even-Point}}{[5]}$	100 – ... = ...	100 – ... = ...

Deckungsbeitragsrate (DBU)

Die Deckungsbeitragsrate ist eine wichtige Kennzahl. Für die externe Bilanzanalyse werden der Jahresdeckungsbeitrag und die Deckungsbeitragsrate wie folgt ermittelt:

	Position	Pos.-Nr.	Geldwerte	%
+	Betriebsleistung	[5]		100
–	Materialaufwand und Aufwendungen für bezogene Leistungen	[6]		
=	Deckungsbeitrag	[7]		
	Deckungsbeitragsrate (DBU)			

Was sagt die Deckungsbeitragsrate aus?

Die Deckungsbeitragsrate drückt den Deckungsbeitrag in einem Prozentsatz zum Umsatz (daher auch DBU) aus. Ein DBU von 41% bedeutet, dass je Euro Umsatz durchschnittlich 41 Cent Deckungsbeitrag erwirtschaftet werden.

Deckungsbeitragsrate und Break-Even-Analyse

Ohne Deckungsbeitragsrate kann keine Break-Even-Analyse durchgeführt werden.

→ **Das Arbeiten mit DBU-Faktoren macht die Interpretation jeder G&V dynamisch. Daher soll die G&V für die Kennzahlenermittlung immer als stufenweise DB-Rechnung aufbereitet werden.**

Break-Even-Point, Break-Even-Point in Prozent der Betriebsleistung, Gewinnschwellendiagramm

Der Mindestumsatz ist jener Umsatz, bei dem Deckungsbeitrag und Fixkosten gleich hoch sind. Werden die Jahresfixkosten durch den DBU-Faktor dividiert, erhält man den Mindestumsatz. Ist der Mindestumsatz kleiner als der Ist- bzw. Planumsatz, dann wurde ein Gewinn erzielt. Ist er größer, dann musste ein Verlust in Kauf genommen werden. Der Break-Even-Point in Prozent der Betriebsleistung sollte ≤ 90% sein, dann befindet sich das Unternehmen nämlich ausreichend tief in der Gewinnzone (siehe auch Seite 80, Sicherheitsgrad).

Beispiel: Break-Even-Point-Berechnung

		Mio. GE	%
	Betriebsleistung (BL)	100	100%
−	variable Kosten	35	35%
=	Deckungsbeitrag [DBU]	65	[65%]
−	Fixkosten (FKO)	60	60%
=	Gewinn (EGT)	5	5%
Break-Even-Point (BEP) $\dfrac{60}{65} \times 100 \quad \dfrac{FKO}{DBU} \times 100$		92,3	92,3%
Sicherheitsgrad (100 − 92,3)			7,7%

Hinweis: Die variablen Kosten sind häufig nur die Materialkosten; die restlichen Kosten sind sehr oft fix.

Der Umsatz dieses Unternehmens könnte um 7,7 Prozent zurückgehen, ohne dass ein Verlust in Kauf genommen werden muss.

Ein Sicherheitsgrad von 7,7% ist ein befriedigender Wert; sehr gut wäre ein Sicherheitsgrad von ≥ 10%. Eine grafische Darstellung des Sicherheitsgrades für dieses Beispiel findet sich in nachstehendem Gewinnschwellendiagramm.

Gewinnschwellendiagramm

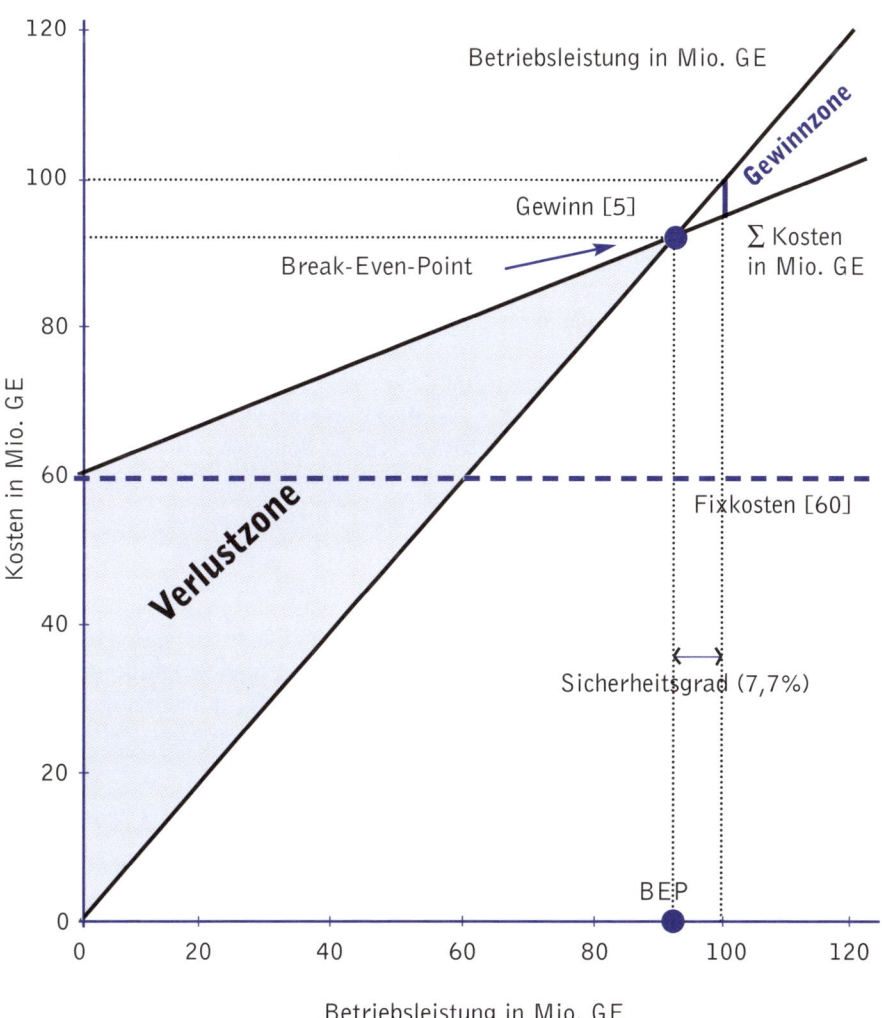

Material- und Warenintensität
Was sagt uns die Material- bzw. Warenintensität?

Die Material- bzw. Warenintensität drückt die Material- bzw. Warenkosten (Einsatz) in Prozent zur Betriebsleistung aus.

Achtung, wichtiger Check!

Wie entwickelte sich die Material- bzw. Warenintensität während der letzten Jahre?
Die Materialkosten (der Materialeinsatz) bzw. der Wareneinsatz sollte bei jeder Bilanzanalyse besonders beachtet werden, weil

- der Material- bzw. Wareneinsatz die größte oder zweitgrößte Aufwandsposition ist und

- die Richtigkeit des Material- bzw. Warenwertes sehr von der Genauigkeit der körperlichen Bestandsaufnahmen am Anfang und am Ende des Berichtsjahres abhängt.

Daher ist hier eine Plausibilitätskontrolle zwingend durchzuführen. Konkret wird empfohlen, kontinuierliche Ab- oder Zunahmen der Material- bzw. Warenintensität ab ± zwei Prozentpunkten jährlich kritisch zu analysieren. Eventuell wurden unterschiedliche Bewertungsansätze bei den einzelnen Bestandsaufnahmen vorgenommen, oder andere Fehler haben sich eingeschlichen.

> ➜ **Kontinuierlich fallende Material- und Warenintensitäten lassen auf eine Verlustverdeckung schließen. Der tatsächlich erwirtschaftete Gewinn ist niedriger als der ausgewiesene; es werden stille Reserven bei den Vorräten aufgelöst bzw. erfolgt eine Überbewertung der Vorratsbestände.**

Kontinuierlich steigende Material- und Warenintensitäten lassen auf eine Gewinnverdeckung schließen. Der tatsächlich erwirtschaftete Gewinn ist höher als der ausgewiesene. Es werden stille Reserven bei den Vorräten gebildet bzw. erfolgt eine Unterbewertung der Vorräte.

Plausible Gründe für eine starke Reduktion der Material- bzw. Warenintensität sind ...

- ■ wesentliche Veränderung des Produktionsprogrammes bzw. des Sales Mix, etwa mit dem Ziel, deckungsbeitragsstarke Produkte bzw. Warengruppen zu forcieren. Meist gilt der Grundsatz: Je höher der Stückdeckungsbeitrag, desto niedriger die Material- bzw. Warenkosten,
- ■ erfolgreich durchgeführte Wertanalysen,
- ■ günstigere Einkaufsquellen, ohne den Einkaufsvorteil an die Kunden weitergeben zu müssen,
- ■ Teile der Produkte, die man bisher fremd zugekauft hat, werden nun selbst erzeugt.

Personalintensität
Was sagt die Personalintensität aus?

Die Personalintensität drückt die Personalkosten in Prozent zur Betriebsleistung aus.

Achtung: Entwicklung der Personalintensität beobachten!

Die Entwicklung der Personalintensität sollte unbedingt über einen längeren Zeitraum beobachtet werden. Die Personalkosten sind nämlich bei den meisten Unternehmen neben den Material- bzw. Warenkosten die größte Kostenart, die obendrein relativ rasch beeinflussbar (z. B. abbaufähig) ist.

Material- bzw. Warenintensität und Personalintensität

Die Material- bzw. Warenintensität ist eine der wenigen Kennzahlen, die stark branchenabhängig ist. Selbst in der gleichen Branche schwankt sie noch immer stark, weil die Fertigungstiefe (Eigenfertigung/Fremdbezug) unterschiedlich sein kann und bei Handelsbetrieben der Standort (exklusives Innenstadtgeschäft, normales Geschäft am Stadtrand oder in der Provinz) eine wesentliche Rolle spielt. Betriebe mit niedriger Material- bzw. Warenintensität haben häufig eine höhere Personalintensität und umgekehrt. Es ist plausibel, dass Material- und Warenintensität einerseits und Personalintensität andererseits einen gewissen Zusammenhang haben. Deshalb ist es manchmal sinnvoll, die Material- bzw. Warenintensität und die Personalintensität zusammen zu betrachten.

Fremdkapitalzinsen in Prozent der Betriebsleistung

Wenn die Fremdkapitalzinsen mehr als 3% der Betriebsleistung betragen, sollte nach den Ursachen geforscht werden; Fremdkapitalzinsen von mehr als 4% sind ein Alarmzeichen. Es sind dann Kredithöhe und Kreditkonditionen zu überprüfen. Eventuell sollten mehr Wechselkredite und begünstigte Investitionskredite in Anspruch genommen werden.

Mit Hilfe der Kennzahl »Eigenkapitalquote« und »Schuldtilgungsdauer« kann meistens eindeutig festgestellt werden, ob die Kredite zu hoch oder die Konditionen schlecht sind bzw. ob beide Faktoren verbessert werden müssen. Wenn die Eigenkapitalquote kleiner 10% oder gar negativ ist bzw. die Schuldtilgungsdauer 20 Jahre oder mehr beträgt, dann sind hohe Fremdkapitalzinsen die logische Folge. Bei einer Eigenkapitalquote von 20 Prozent oder mehr bzw. bei einer Schuldtilgungsdauer von weniger als fünf Jahren müssten die Fremdkapitalzinsen eigentlich deutlich unter 3 Prozent (0,5 Prozent bis 2,5 Prozent) liegen; wenn nicht, sind wahrscheinlich die Kreditkonditionen ungünstig bzw. überprüfungsbedürftig.

Abschreibungen in Prozent der Betriebsleistung

Sollten die auf Seite 73 angeführten Richtprozentsätze stark unterschritten werden oder im Zeitverlauf stark rückgängig sein, dann besteht die Gefahr, dass das Unternehmen investitionsmäßig ausgezehrt wird und die Substanzerhaltung gefährdet ist.

Eine andere Erklärung für niedrige Abschreibungen könnte durch verstärktes Leasing gegeben sein.

Zu hohe Abschreibungen können durch schlechte Auslastung, zu hohe Anlagenintensität oder durch Fehlinvestitionen verursacht werden. In diesem Fall ist zu prüfen, ob alle Anlagegüter betriebsnotwendig sind und ob etwaige nicht betriebsnotwendige Anlagen veräußert werden können.

Der Sicherheitsgrad

Der Sicherheitsgrad gibt an, um wie viel Prozent der Umsatz zurückgehen kann, bevor der Break-Even-Point erreicht ist. Der Sicherheitsgrad soll mehr als 10% betragen. Das ist der Fall, wenn die Fixkosten höchstens 90% des Deckungsbeitrages betragen oder – anders ausgedrückt – wenn 10% vom Deckungsbeitrag nach Abzug der Fixkosten für den Gewinn übrig bleiben.

Ein Sicherheitsgrad von weniger als 3% ist Besorgnis erregend, weil dann bereits kleine Umsatzrückgänge das Unternehmen in die Verlustzone schlittern lassen.

So hoch sollte der Sicherheitsgrad mindestens sein

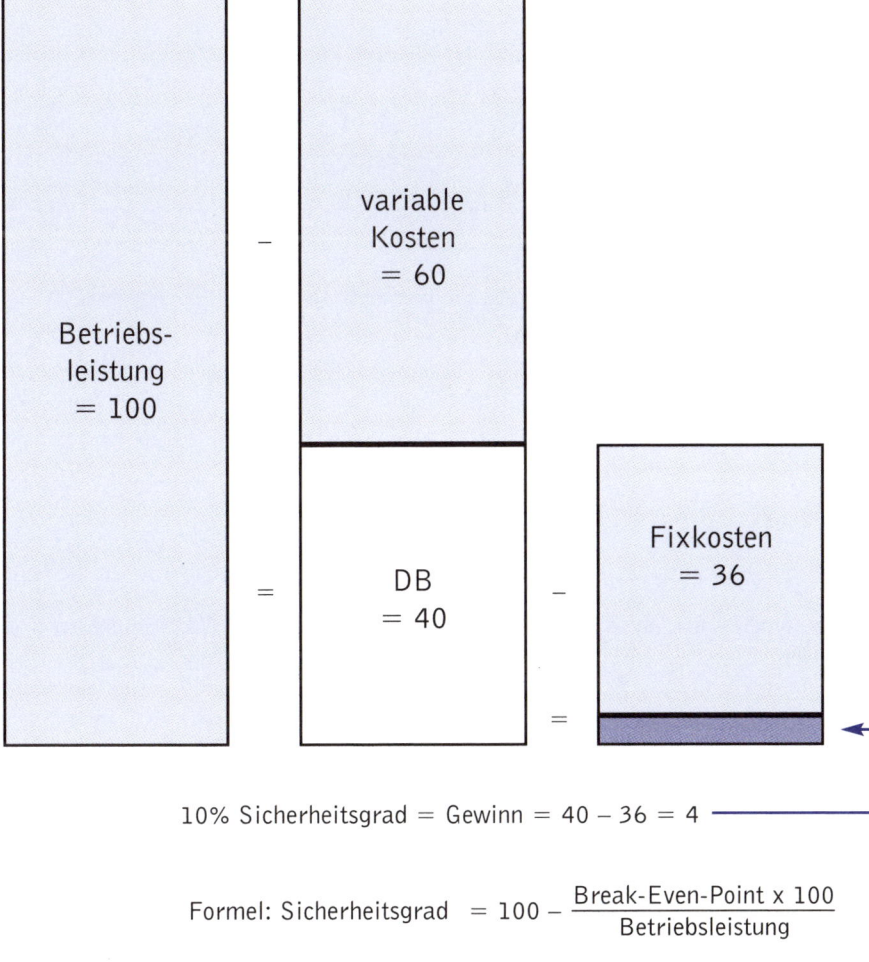

10% Sicherheitsgrad = Gewinn = 40 − 36 = 4

$$\text{Formel: Sicherheitsgrad} = 100 - \frac{\text{Break-Even-Point} \times 100}{\text{Betriebsleistung}}$$

$$= 100 - \frac{90 \times 100}{100}$$

→ **Der Sicherheitsgrad sollte permanent beobachtet werden, weil es nicht nur auf die Höhe des Gewinnes ankommt, sondern auch darauf, mit welcher Sicherheit dieser erzielt wird.**

■ *Zwei besonders wichtige Cash-Management-Zahlen*

Kundenskonto in Prozent des Umsatzes

Lieferantenskonto in Prozent des Material- bzw. Wareneinsatzes

Kennzahl	Formel	Ergebnisse	
		...	...
Skontoaufwand in % des Umsatzes	$\dfrac{\text{Skontoaufwand} \times 100}{\text{Umsatz}}$	—— × 100 = ...	—— × 100 = ...
Skontoertrag in % des MES bzw. WES	$\dfrac{\text{Skontoertrag} \times 100}{\text{Material-/Wareneinsatz}}$	—— × 100 = ...	—— × 100 = ...

Diese beiden Kennzahlen können meist nicht direkt aus der G&V abgelesen werden, weil

■ der Kundenskonto mit den Umsatzerlösen und

■ der Lieferantenskonto mit den Material- bzw. Wareneinsätzen

saldiert wird. Die Höhe des Kundenskontos bzw. des Lieferantenskontos sollte unbedingt hinterfragt werden, weil dann ein wichtiges Cash-Reservepotenzial angesprochen werden kann, das unbedingt genutzt werden sollte.

Insolvenzfrüherkennung

Insolvenzfrühwarnsysteme

Seit vielen Jahrzehnten sind Wirtschaftswissenschaftler auf der ganzen Welt bemüht, aus externen Jahresabschlüssen den Niedergang eines Unternehmens vorhersagen zu können. Seit etwa 35 Jahren (1968: Altmann) werden dafür **überwiegend multiple Diskriminanzanalysen und später auch Faktorenanalysen verwendet.** Die Prognoseerfolge sind teilweise recht beachtlich.

Gemeinsames Ziel aller einschlägigen Untersuchungen der Insolvenzforschung ist, eine mehr oder weniger große Anzahl aussagefähiger Kennzahlen für eine möglichst treffsichere Zukunftsbeurteilung zu finden.

Übersicht der bekanntesten Frühwarnsysteme für Westeuropa

Das umseitige Schaubild zeigt auf, welche Frühwarnsysteme in Westeuropa (speziell in Deutschland, Österreich und der Schweiz) besonders stark verbreitet sind.

Frühwarnsysteme für Westeuropa
auf Basis statistischer Trennverfahren

Multiple Diskriminanzanalysen

Faktorenanalyse nach Weinrich

vereinfachte Methode

6 Kennzahlen

Methode Beermann

10 Kennzahlen

nicht für Handelsbetriebe geeignet

Methode Baetge (RISK)

3 Kennzahlen

Methode Bleier

differenziert nach
– Handelsbetrieben
  5 Kennzahlen

– Leistungsbetrieben
  7 Kennzahlen

– Produktionsbetrieben
  6 Kennzahlen

zusätzlich noch Kontrollfunktion:

– ohne Branchengliederung
  6 Kennzahlen

8 Kennzahlen

Scoringsystem
(8 bis 40 Punkte)

Schwierigkeitsgrad der Anwendung

sehr einfach, daher schnell

einfach, daher schnell

nur von der Bayrischen Vereinsbank durchführbar, nicht vom Unternehmen selbst

sehr gut, aber schwierig, daher relativ zeitaufwendig

nicht so schwierig wie Methode Bleier; schwieriger als vereinfachte Methode und Methode Beermann

wird auf Seite 85 praktisch demonstriert

Anwendungsschema: Multiple Diskriminanzanalyse nach der vereinfachten Methode

Die multiple Diskriminanzanalyse (MDA) nach der vereinfachten Methode ist ein Insolvenz-Frühwarnsystem, das sechs ausgewählte Kennzahlen mit vorgegebenen Gewichtungsfaktoren multipliziert. Anschließend werden die sechs Produkte addiert. Die Summe nennt man **Diskriminanzfunktion**. Von der Höhe der Diskriminanzfunktion hängt es ab, ob das Unternehmen als sehr gut, gut, mittel, schlecht bzw. insolvenzgefährdet zu klassifizieren ist.

Die MDA nach der vereinfachten Methode lässt sich genauso einfach durchführen wie der Quicktest und liefert ebenfalls ein störunanfälliges Ergebnis. Ein kleines Beispiel soll das verdeutlichen. Bekannt sind folgende Ausgangsdaten:

Ausgangsdaten für Fallbeispiel

- Cash-Flow p.a. (EGT + AfA) .... 16 GE
- Verbindlichkeiten (Bilanzsumme − Eigenkapital) .... 120 GE
- Bilanzsumme .... 150 GE
- Betriebsleistung p.a. .... 250 GE
- Vorräte .... 30 GE
- EGT p.a. .... 8 GE
- Flüssige Mittel .... 2 GE
- Fremdkapitalzinsen p.a. .... 5 GE

Quicktest:

- Eigenkapitalquote $= \dfrac{30 \times 100}{150} = 20\%$ (Note 2) ⎫
- Schuldtilgungsdauer $= \dfrac{120 - 2}{16} = 7{,}4$ J. (Note 3) ⎭ finanzielle Stabilität: Note 2,5

- Gesamtkapitalrentabilität $= \dfrac{(8+5) \times 100}{150} = 8{,}7\%$ (Note 3) ⎫
- Cash-Flow-Leistungsrate $= \dfrac{16 \times 100}{250} = 6{,}4\%$ (Note 3) ⎭ Ertragskraft: Note 3

Nach der **Quicktest-Beurteilungsskala** (siehe Seite 54) weisen vorseitige Ausgangsdaten den Testbetrieb als **befriedigend** (Gesamtnote 2,75) aus.

Die **multiple Diskriminanzanalyse korreliert mit** dem **Quicktest** recht gut. Auch hier wird das Testunternehmen mit der Diskriminanzfunktion von 1,2 als **mittelgut** klassifiziert.

Kennzahl	Kennzahl x Gewichtungsfaktor	gewichtete Kennzahl
$\dfrac{\text{Cash-Flow p.a.}}{\text{Verbindlichkeiten}}$	$\dfrac{16}{120} = 0{,}133 \times 1{,}50$	0,200
$\dfrac{\text{Bilanzsumme}}{\text{Verbindlichkeiten}}$	$\dfrac{150}{120} = 1{,}25 \times 0{,}08$	0,100
$\dfrac{\text{Ergebnis der gewöhnlichen Geschäftstätigkeit p.a.}}{\text{Bilanzsumme}}$	$\dfrac{8}{150} = 0{,}053 \times 10{,}00$	0,533
$\dfrac{\text{Ergebnis der gewöhnlichen Geschäftstätigkeit}}{\text{Betriebsleistung}}$	$\dfrac{8}{250} = 0{,}032 \times 5{,}00$	0,160
$\dfrac{\text{Vorräte}}{\text{Betriebsleistung p.a.}}$	$\dfrac{30}{250} = 0{,}12 \times 0{,}30$	0,036
$\dfrac{\text{Betriebsleistung p.a.}}{\text{Bilanzsumme}}$	$\dfrac{250}{150} = 1{,}667 \times 0{,}10$	0,167
Insolvenz-Frühwarnindikator (Diskriminanzfunktion)		1,196

Interpretationstabelle		Diskriminanzfunktion
> 3,0	extrem gut	
> 2,2	sehr gut	
> 1,5	gut	
> 1,0	mittelgut	1,196 ←
> 0,3	schlecht	
≤ 0,3	leicht insolvenzgefährdet	
≤ 0,0	insolvenzgefährdet	
≤ −1,0	stark insolvenzgefährdet	

Die moderne Unternehmensbewertung

Die Geschichte der Unternehmensbewertung ist vier Jahrzehnte alt. Die ersten Methoden basierten auf historischen Werten und haben heute eine relativ geringe bis gar keine Bedeutung mehr. Moderne Unternehmensbewertung ist zukunftsorientiert. Erste Ansätze gab es vor ca. 30 Jahren.

Anlässe für Unternehmensbewertungen

Die wichtigsten Anlässe für Unternehmensbewertungen sind:

- Kauf und Verkauf von Unternehmungen oder Beteiligungen
- Zufuhr von Eigen- und Fremdkapital
- Fusionen
- Einflechtung von Unternehmen
- Ausscheiden von Gesellschaftern aus einer Personengesellschaft
- Erbauseinandersetzungen, Erbteilungen
- Kreditwürdigkeitsprüfung

Ablauf eines Unternehmensverkaufes

Nachfolgende Grafik zeigt die einzelnen Schritte, die bis zur Endverhandlung notwendig sind.

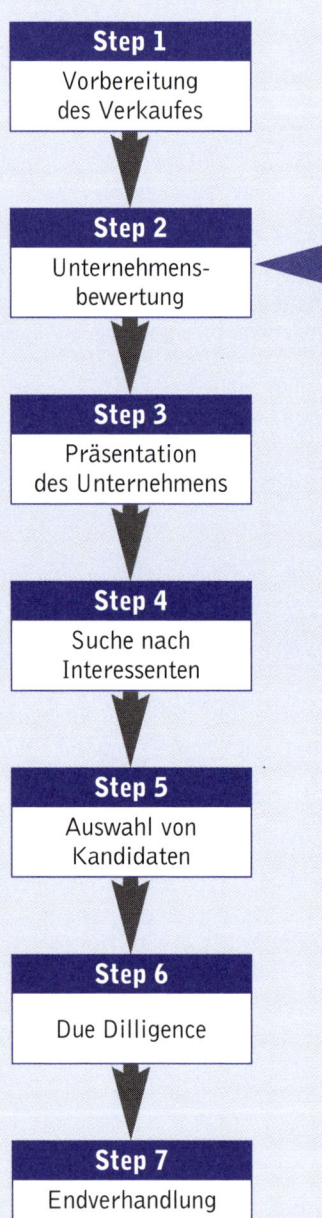

Bei der Unternehmensbewertung ist es wie bei der Investitionsrechnung. Gemessen an der Gesamtzeit, die für einen Unternehmenskauf oder die Beurteilung eines Investitionsprojektes erforderlich ist, nimmt das eigentliche Rechnen nur wenig Zeit in Anspruch (etwa 1% bis 5%). Das muss deshalb festgehalten werden, weil man beim Durcharbeiten leicht den Eindruck gewinnen könnte, dass sich alles ausschließlich ums Rechnen dreht.

Letter Of Intent

Sorgfältige Prüfung aller relevanten Daten und Fakten in allen Unternehmensbereichen. Die Ergebnisse der Due-Diligence-Prüfung haben Einfluss auf die Höhe des Verkaufspreises bei den Endverhandlungen.

Zukunftsorientierte Bewertungsmethoden

Bei der modernen Unternehmensbewertung wird die Bewertung auf Basis von Zukunftseinschätzungen durchgeführt und nicht auf Grund historischer Werte, weil Letztere meist völlig überholt und damit unrealistisch sind.

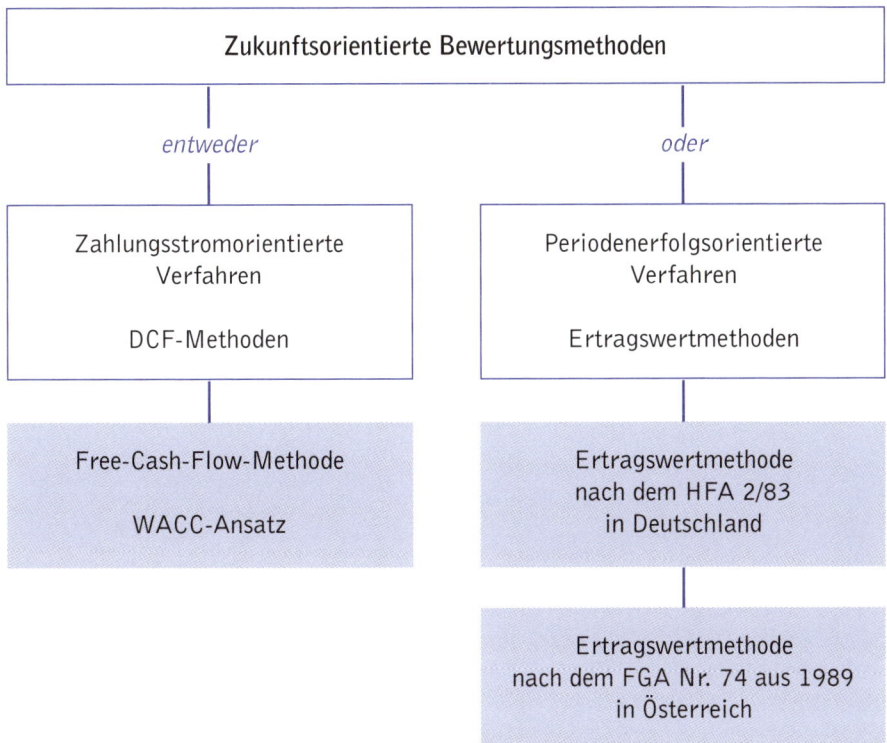

Beim WACC (Weighted Average Cost of Capital) handelt es sich um den gewogenen Kapitalkostensatz. Dieser entspricht hier den gewichteten Durchschnittskosten von Eigen- und Fremdkapital nach Berücksichtigung einer entsprechenden Ertragsteuerersparnis.

Ertragswertmethode

Grundsätzliches

Die berufständischen Empfehlungen der Steuerberater und Wirtschaftsprüfer sowohl in Deutschland als auch in Österreich und der Schweiz schlagen in ihren Fachgutachten »Unternehmensbewertung« die zukunftsorientierte Ertragswertmethode als »amtliche« Bewertungsmethode vor.

Land	Kommission, Fachsenat, Institut	Empfehlung Fachgutachten Nr.	aus dem Jahr
Deutschland	Institut der Wirtschaftsprüfer (IdW)	HFA 2	1983
Österreich	Fachsenat der Wirtschaftstreuhänder, Wien	KFS 1 FGA 74	1989
Schweiz	Schweizerische Treuhandkammer	Fachmitteilung zur Unternehmensbewertung	1994

Bei der zukunftsorientierten Ertragswertmethode wird vom EGT (= Ergebnis der gewöhnlichen Geschäftstätigkeit) ausgegangen, das um die relevante Ertragsteuer reduziert wird. Dazu wird das EGT mit dem Faktor (1 − Ertragsteuersatz / 100) multipliziert. Die Planerfolge nach Ertragsteuer werden abgezinst. Den Planerfolgsbarwerten wird am Ende der Detailprognoseperiode

- entweder ein Fortführungsbarwert
- oder ein Liquidationsbarwert

hinzugerechnet, je nachdem, ob das Unternehmen am Ende der Detailprognoseperiode sicher weiter bestehen kann oder nicht.

Fallbeispiel: Ertragswertmethode

Werte in 1000 GE					
	±	−	=	x	=
Jahr	Plan-EGT	relevanter ESt-Satz: 34,0%	Planerfolg nach ESt.	Abzinsungs-faktor: 6,4%	Barertrags-wert
2004	892	− 303	589	0,940	553
2005	1.418	− 482	936	0,883	827
2006	1.439	− 489	950	0,830	788
2007	1.452	− 494	958	0,780	748
2008	1.458	− 496	962	0,733	706

+ Liquidations- bzw. Fortführungswert	12.500	0,733	9.166

= Unternehmenswert **12.788**

Der Forführungswert beträgt Ende fünftes Jahr gemäß der Formel

$$\frac{\text{ø Jahresgewinn nach ESt., abgerundet}}{\text{WACC-Zinsfuß 6,4\%}} = \frac{800}{6,4} = 12{,}5 \text{ Mio. GE}$$

Durch Abzinsung mit dem Faktor 0,733 (p = 6,4%, n = 5 Jahre) erhält man den Fortführungsbarwert Anfang erstes Jahr, nämlich 9,166 Mio. GE.

Bei der Ertragswertmethode wird vom Plan-EGT (= Ergebnis der gewöhnlichen Geschäftätigkeit) abzüglich der relevanten Ertragsteuer (hier: 34% KÖSt.) ausgegangen. Der Planerfolg nach Ertragsteuer wird mit dem so genannten WACC-Zinsfuß abgezinst. Den Ertragsbarwerten der fünf Detailprognoseperioden ist ein Liquidations- bzw. Fortführungswert hinzuzurechnen.

Free-Cash-Flow-Methode

Grundsätzliches

In der US-amerikanischen aber auch in der westeuropäischen Bewertungspraxis setzt sich während der letzten 15 Jahre immer mehr die rein zukunftsorientierte Free-Cash-Flow-Methode durch, die auf einer Reihe logischer und praxisnaher Annahmen basiert. Eine verkürzte Darstellung der Free Cash-Flows aus der Kapitalflussrechnung zeigt hier folgendes Bild:

	Werte in 1000 GE				
	2004	2005	2006	2007	2008
EGT	892	1.418	1.439	1.452	1.458
+ Abschreibungen	700	700	700	700	700
= Cash-Flow aus dem Ergebnis	1.592	2.118	2.139	2.152	2.158
− Ertragsteuern	303	482	489	494	496
− Erhöhung Kundenforderungen	200	100	—	—	—
= Cash-Flow aus laufendem Geschäft	1.089	1.536	1.650	1.658	1.662
− Investitionen	1.820	420	420	420	420
= Free Cash-Flow nach Ertragsteuern	−731	1.116	1.230	1.238	1.242

Die Free Cash-Flows nach Ertragsteuer werden nun noch um die ertragsteuerberichtigten Fremdkapitalzinsen erhöht. Die neue Zwischensumme »Free Cash-Flow vor Zinsen, nach ESt.« wird nun noch mit dem WACC-Zinsfuß von hier 6,4% abgezinst. Man erhält den diskontierten Free Cash-Flow nach ESt., dem ein so genannter Fortführungswert hinzuzurechnen ist. Abschließend ist noch der Saldo aus »Bankverbindlichkeiten abzüglich flüssiger Mittel« zu Planungsbeginn (2004) in Abzug zu bringen. Das Ergebnis ist der Unternehmenswert nach der Free-Cash-Flow-Methode.

Fallbeispiel: Free Cash-Flow-Bewertung (Werte in 1000 GE)

Jahr	± CF aus lfd. Geschäftstätigkeit vor ESt.	± A. o. Ergebnis	- Investitionen	= FCF vor ESt.	± ESt.	= FCF nach ESt.	± Zinsen	- ø ESt. auf Zinsen: 34,0%	= FCF vor Zinsen (nach ESt.)	x Abzinsungsfaktor: WACC 6,4%	= diskont. FCF nach ESt.
2004	1.392	0	-1.820	-428	-303	-731	327	-111	-515	0,940	-484
2005	2.018	0	-420	1.598	-482	1.116	327	-111	1.332	0,883	1.176
2006	2.139	0	-420	1.719	-489	1.230	292	-99	1.422	0,830	1.181
2007	2.152	0	-420	1.732	-494	1.238	265	-90	1.413	0,780	1.103
2008	2.158	0	-420	1.738	-496	1.242	245	-83	1.404	0,733	1.030

+ Fortführungswert		15.800	0,733	11.586
= Barwert der Free Cash-Flows				15.591
± Bankverbindlichkeiten ... liquide Mittel (Ende 2003)				-3.400
= Unternehmenswert				**12.191**

CF ... Cash-Flow
FCF ... Free Cash-Flow
ESt. ... Ertragsteuer

Ermittlung des Fortführungswertes (FFW):
Anzahl der Jahre zur Ermittlung des ø FCF 5   Wachstumsrate p. a. in % 0,0%
ø FCF vor Zinsen (2004 bis 2008) .... 1.011   Zinsfuß für ewige Rente in % 6,4%

$$FFW = \frac{\text{ø FCF} \times (1 + \text{Wachstumsrate})}{\text{Zinsfuß für ewige Rente} - \text{Wachstumsrate}} = \frac{1.011 \times 1,000}{0,064 - 0,000} = 15.800$$

Kennzahlen, Unternehmenswert und Insolvenz-Frühwarnsysteme

Kapitalisierungszinssatz (WACC)

Die Höhe des Kapitalisierungszinsfußes hängt von der Zusammensetzung der Kapitalstruktur, also vom Verhältnis zwischen Eigen- und Fremdkapital ab. Die Kosten des Fremdkapitals müssen bei der Free-Cash-Flow-Methode nach Steuern errechnet werden.

Ermittlung des Eigenkapitalkostensatzes

	Basiszinssatz (Sekundärmarktrendite)	4,0%
−	Geldentwertungsrate (Ende 2003)	− 1,0%
+	50% allgemeine Risikoprämie auf die als risikolos geltende Sekundärmarktrendite	2,0%
+	Zuschlag auf unternehmensspezifisches Risiko (bei börsennotierender AG durch so genannten Beta-Faktor)	1,0%
+	Zuschlag für Immobilität	1,0%
±	....	0,0%
=	**Eigenkapitalkostensatz**	**7,0%**

Der durchschnittliche Kapitalkostensatz (gewogenes Mittel bzw. WACC) wird dann beispielsweise wie folgt ermittelt:

Finanzierungsquellen	1.000 GE	%	Kosten vor ESt.	Kosten nach ESt.	ø Kapitalkostensatz
Eigenkapital	4.950	56,6%	7,0%	7,0%	4,0%
Bankkredite, lfr.	600	6,9%	5,0%	3,3%	0,2%
Bankkredite, kfr.	3.188	36,5%	9,0%	5,9%	2,2%
Schuldwechsel	0	0,0%	5,0%	3,3%	0,0%
Gesamt	**8.738**	**100,0%**			**6,4%**

Anhang

Weiterführende Literatur

Titel	Autor	Verlag	Auflage	Seiten
Bilanz- und Erfolgsanalyse	Helbling	Haupt	9/94	586
Bilanzanalyse	Gahleitner, Hess, Leitsmüller, Naderer	ÖGB	1/95	313
Bilanzanalyse	Leiffson	C. E. Poeschel	2/77	224
Bilanzanalyse und Bilanzpolitik nach neuem Bilanzrecht	Küting, Weber	Schäffer	1/87	173
Bilanzen richtig lesen	Scheffler	dtv	3/97	264
Bilanzierung und Bilanzanalyse	Wagenhofer	Linde	4/93	233
Bilanzierung und Bilanzpolitik	Wöhe	Vahlen	3/73	784
Die Bilanzanalyse	Küting, Weber	Schäffer-Poeschel	2/94	532
Grundlagen der Finanzwirtschaft	Kralicek	Ueberreuter	1/91	111
Kennzahlen für Geschäftsführer	Kralicek, Böhmdorfer	Ueberreuter	4/01	1280
Kennzahlen-Krisenmanagement	Schwarzecker, Spandl	Ueberreuter	1/93	273
Praxis der Konzernbilanzanalyse	Küting, Weber, Zündorf	Schäffer	1/90	140
Praxis der neuen Rechnungslegung	Bertl, Kofler, Mandl	Orac	4/96	388

Stichwortverzeichnis

A

Abfertigungen	31, 39
Abschreibungen	40, 80
Abschreibungsart	40
AfA-Tabellen	41
Aktiva	16
Aktive Rechnungsabgrenzung	28
Aktivierte Eigenleistungen	37
»Amtliche« Bewertungsmethode	90
Anlagendeckung A	59, 61
Anlagendeckung B	59, 62
Anlagenintensität	56
Analysebereich	
Analysebereich	
• AUFWANDSTRUKTUR und ERFOLG	52, 73
• ERTRAGSKRAFT	57
• FINANZIELLE STABILITÄT	56, 57
• FINANZIERUNG	52, 59
• INVESTITION	56
• LIQUIDITÄT	65
• RENTABILITÄT	68
Anhang	12, 14
Anlagenintensität	58
Anlagenspiegel	21
Anlagenverkäufe	45
Anschaffungs- bzw. Herstellungskosten	20
Aufwand für bezogene Leistungen	38
Auslandsforderungen	26
Außerordentliches Ergebnis	45

B

Bestandsveränderung	36
Beteiligungen	22
Betriebs- und Geschäftsausstattung	18
Betriebserfolg	42
Betriebsleistung	36
Bewertung des Anlagevermögens	19
Bewertungsgrundsätze	19
Bewertungsgrundsätze für das Umlaufvermögen	26
Bewertungsmethoden für Vorräte	24
Bewertungsprinzipien	8
Bezogene Leistungen	38
Bilanzgewinn/Bilanzverlust	46
Bilanzgliederung	12, 16
Break-Even-Point	74

C

Cash-Flow
- aus den operativen Tätigkeiten (OCF) 50
- aus Finanzierungsaktivitäten (FCF) 50
- aus Investitionsaktivitäten (ICF) 50

Cash-Flow in % der BL 73
Cash-Flow-Leistungsrate 52, 53
Checkliste für Anhang 14
Current-Ratio 67

D

DBU 73
DCF-Methoden 89
Debitorenziel in Tagen 59, 63
Deckungsbeitrag 38
Deckungsbeitragsrate (DBU) 75
Disagio 28
Diskriminanzanalyse 83
Diskriminanzfunktion 85
Due Dilligence 88
Durchschnittspreismethode 25

E

EBIT (Earnings Before Interest and Tax) 42
EGT 44
Eigenkapital 29
- bei Einzelunternehmungen 30
- bei Kapitalgesellschaften 29
- bei Personengesellschaften 30

Eigenkapitalkostensatz 94
Eigenkapitalquote 52, 59, 61, 85
Eigenkapitalrentabilität 68, 71
Einzelbewertung 24
Erträge aus Beteiligungen 43
Ertragswertmethode 91

F

Faktorenanalyse nach Weinrich 84
FiFo (= First in – First out) 25
Finanzanlagevermögen 22
Finanzerfolg 43
Firmenwert 19
Flüssige Mittel 27
Forderungen 26
- aus Lieferungen und Leistungen 26
- gegenüber verbundenen Unternehmen 26

Forderungsverzicht 45
Fortführungsbarwert 90, 91
Free Cash-Flow-Methode (Shareholder Value Concept) 89, 92, 93
Fremdkapitalzinsen in Prozent der Betriebsleistung 80

Fremdwährungsbestände 27
Fristigkeit bei Verbindlichkeiten 32
Frühwarnsysteme für Westeuropa 84

G
G&V-Gliederung 12
Garantieleistungen 31
Gebäude 18
Gehälter 39
Geleistete Anzahlungen 19
Generalnorm 15
Gesamtkapitalrentabilität 52, 68, 69
Gesamtkostenverfahren 12, 34
Gesamtliquidität 67
Geschäfts- bzw. Firmenwert 18
Geschichtete Stichprobeninventur 24
Gewinnrücklagen 30
Gewinnschwellendiagramm 77
Gewinnzone 77
Gliederung der Gewinn- und Verlustrechnung (G&V) 33
Going concern 19
Größenmerkmale für Kapitalgesellschaften 13
Grundsätze ordnungsgemäßer Buchführung 8
Grundstücke 18
GWG 18

H
Haftkapital 29
Herstellungskosten 20
HiFo (= Highest in – First out) 25

I
IAS (International Accounting Standards) 48
Immaterielles Anlagevermögen 18
Imparitätsprinzip 10
Insolvenzfrüherkennung 83
Insolvenzfrühwarnsysteme 83
International Accounting Standards (IAS) 48
Internationale Rechnungslegung 48
Inventur 23

J
Jahresüberschuß/Jahresfehlbetrag 46

K
Kapitalflussrechnung 50
Kapitalisierungszinssatz 94
Kapitalrücklagen 30
Kennzahlenübersicht 57
Körperliche Stichtagsinventur 23

Kreditorenziel in Tagen ... 59, 63
Kundenskonto ... 82

L

Lagebericht ... 12, 15
Lagerdauer in Tagen ... 59, 64
Latente Ertragsteuer ... 29
Letter of Intent ... 88
Leverage-Effekt ... 70
Lieferantenskonto ... 82
LiFo (= Last in – First out) ... 25
Liquidationswert ... 90, 91
Liquidität ... 52
Liquidität 3. Grades ... 65, 67
Liquiditätsverbesserung ... 50
Liquiditätsverschlechterung ... 50
Löhne ... 39

M

Maschinen und maschinelle Anlagen ... 18
Material- bzw. Warenintensität und Personalintensität ... 73, 78, 79
Materialaufwand ... 38
Methode BAETGE (RISK) ... 84
Methode BEERMANN ... 84
Methode BLEIER ... 84
Mindestgliederungsschema ... 12
Mobilität ... 67
Multiple Diskriminanzanalyse ... 84

N

Negativer Leverage-Effekt ... 70
Nutzungsdauer ... 41

P

Passiva ... 17
Passive Rechnungsabgrenzung ... 28
Pensionszusagen ... 31
Personalaufwand ... 39
Personalintensität ... 73, 79
POC-Methode ... 48
Positiver Leverage-Effekt ... 70
Prämien für Mitarbeiter ... 31
Prinzip
- der Bewertungsstetigkeit ... 8
- der Bilanzkontinuität ... 8
- der Bilanzwahrheit ... 8
- der Einzelbewertung ... 8
- der Imparität ... 8
- der Unternehmensfortführung ... 8
- der Vorsicht ... 8
- der Willkürfreiheit ... 8

Provisionen 31
Prozeßkosten 31
Prüfpflicht 12
Publizitätspflicht 12

Q
Quicktest 52, 85
Quicktest-Beurteilungsskala 54, 86

R
Rechnungsabgrenzungsposten 28
Rechts- und Beratungskosten 31
Rentabilität 52
Return On Investment (ROI) 72
Return On Stock Investm. (ROSTI) 68, 71
Rücklagen 30
Rückstellungen 31

S
Sachanlagevermögen 18
Schuldtilgungsdauer 52, 65, 66, 85
Sicherheitsgrad 74, 77, 80
Skontoaufwand in % des Umsatzes 82
Skontobezugsspanne 63
Skontoertrag in % des MES bzw. WES 82
Skontofrist 63
Skontorendite 64
Sonstige betriebliche Erträge 37
Sonstiges Vermögen 26
Steuerrückstellungen 31
Stichtagsprinzip 8

U
Umsatzerlöse 36
Umsatzrendite 68
Umsatzkostenverfahren 12, 35
Uneinbringliche Forderungen 26
Unternehmensbewertung
 • Anlässe 87
 • Ablauf 87, 88
 • zukunftsorientierte 89
 • zahlungsstromorientierte 89
 • periodenerfolgsorientierte 89
Unternehmensreorganisationsgesetz (URG) in Österreich 87
Unternehmenswerte 22
Unversteuerte Rücklagen 30
Urlaubsansprüche von Mitarbeitern 31
Ursachenanalyse 56
US-Generally Accepted Accounting Principles (US-GAAP) 48

V

Verbindlichkeiten 32
Verluste aus schwebenden Geschäften 31
Versicherungsvergütungen 45
Vollständigkeitsprinzip 8
Vorsichts- und Imparitätsprinzip 8
Vorräte 23

W

WACC (Weighted Average Cost of Capital) 89, 94
Wareneinsatz 38
Wechsel und Schecks 26
Wertberichtigung zum Umlaufvermögen 25
Wertpapiere des Anlagevermögens 22
Wertpapiere des Umlaufvermögens 27
Wirtschaftlichkeitsprinzip 8
Working-Capital-Ratio 62

Z

Zeitguthaben für Mitarbeiter 31
Zinsaufwendungen 43
Zinserträge 43
Zweifelhafte (dubiose) Forderungen 26

Folgende Titel der Reihe »New Business Line« sind lieferbar

Management

Marion E. Haynes
Projekt-Management
Von der Idee bis zur Umsetzung – Der Projekt-Lebenszyklus – Faktor Qualität/Zeit/Kosten – Erfolgreicher Abschluss

Hans-Jürgen Kratz
Mobbing
erkennen – ansprechen – vorbeugen

Hans Kiesow
Kündigungsgespräche
Sicherheit gewinnen / Praxiserprobte Gesprächstechniken anwenden / Schwierige Situationen meistern / Konflikte vermeiden

Robert G. Wittmann
Unternehm,ensstrategie und Businessplan
Eine Einführung

Marketing/Verkauf/PR

Richard Gerson
Der Marketingplan
Stufenweise Entwicklung – Umsetzung in die Praxis – Checklisten und Formulare

Mary Averil/Bud Corking
Netzwerk-Marketing
Die Geschäfte der 90er-Jahre

Rolf Leicher
Telefonzentrale und Besucherempfang
Kunden kompetent begrüßen / Gewinnend telefonieren / Mit schwierigen Anrufern umgehen / Professionell auftreten

Werner Pepels
Grundlagen der Werbung
Konzept / Werbemittel / Mediaplanung / Direktwerbung / Gestaltung / Realisierung

Thomas H. Jachens
Professionelles Verkaufen
Kundenerwartungen erkennen / Verkaufsgespräche positiv gestalten / Abschlüsse erreichen / Richtig kommunizieren

Controlling Finanz- und Rechnungswesen

Peter Kralicek
Bilanzen lesen – eine Einführung
Keine Angst vor Kennzahlen

Peter Kralicek
Grundlagen der Kalkulation
Kosten planen und kontrollieren /Kostensenkungsprogramme/ Preisgrenzen und Zielpreise/ Methoden/Fallbeispiele

Wolfgang Lang
Unternehmensfinanzierung
Unternehmensrating verbessern /
Eigenkapital stärken /
Unternehmenswert steigern / Mit dem
Geschäftsplan überzeugen

Arbeitstechniken

Uwe Scheler
Vortragsfolien und Präsentationsmaterialien
planen – gestalten – herstellen

Peter Capek
Mind Mapping
besser strukturieren – schneller
protokollieren – deutlicher
visualisieren

Mario Klarer
Präsentieren auf Englisch
Überzeugender Auftritt – treffende
Formulierung – klare Visualisierung

Peter Kürsteiner
Gedächtnistraining
Mehr merken mit Mnemotechnik –
Grundlagen der Gedächtniskunst –
Namen, Zahlen, Vokabeln behalten –
praxisnahe Übungen

Wolfgang Winter
Wissenschaftliche Arbeiten schreiben
Hausarbeiten – Diplom- und
Magisterarbeiten – MBA-
Abschlussarbeiten – Dissertationen

Persönlichkeitsentwicklung

Marion E. Haynes
Persönliches Zeitmanagement
So entkommen Sie der Zeitfalle

Roman Braun
NLP – eine Einführung
Kommunikation als Führungsinstrument

Stefan Czypionka
Umgang mit schwierigen Partnern
Erfolgreich kommunizieren mit
Kunden, Mitarbeitern, Kollegen,
Vorgesetzten u. a. m.

Karin Ruck
Professionelles Networking
Kontakte knüpfen / Beziehungen
pflegen / Verbindungen nutzen